Obelisken transportieren und aufrichten
in Ägypten und in Rom

Armin Wirsching

Obelisken

transportieren und aufrichten
in Ägypten
und in Rom

Bildnachweis

Fotos
Bild 3   Habachi, L., Die unsterblichen Obelisken Ägyptens, Verlag Philipp von Zabern, Mainz 1982
Bild 4   Golvin, J. C. / Goyon J.C., Karnak Ägypten. Anatomie eines Tempels, Ernst Wasmuth Verlag, Tübingen 1990
Bild 56 Gorringe, H. H., Egyptian obelisks, New York, 1882
Bild 66 Schiele, W., Deutsches Archäologisches Institut, Abt. Istanbul, Nr. 8979
Zeichnungen
Der Bildnachweis ist bei der jeweiligen Zeichnung angegeben.
Alle Zeichnungen ohne Bildnachweis sind vom Verfasser.
Umschlagbild v. Verf: Der 20,3 Meter hohe Obelisk des Pharaos Thutmosis I. in Karnak

Bibliografische Information der Deutschen Bibliothek:
Die Deutsche Bibliothek verzeichnet diese Publikation in der Deutschen Nationalbibliografie; detaillierte bibliografische Daten sind im Internet über ‹http://dnb.ddb.de› abrufbar.

© 2007 Armin Wirsching
Herstellung und Verlag: Books on Demand GmbH, Norderstedt
ISBN 978-3-8334-8513-8

Inhaltsverzeichnis

Einführung   7

1. Vom Steinbruch zum Nil

   1.1 Die Obelisken aus dem Fels lösen 13
   1.2 Die Obelisken auf der Rampe zum Nil   20

2. Auf dem Nil zu den heiligen Stätten

   2.1 War das Obeliskenschiff ein Gigant auf dem Nil?   23
   2.2 Ein neuer Ansatz für den Transport schwerer Steine . . .   28
   2.3 Das Unas-Schiff – bisher gedeutet als Einzelschiff 34
   2.4 Das Unas-Schiff – rekonstruiert als Doppelschiff 36
   2.5 Das Obeliskenschiff war ein doppeltes Doppelschiff . . .   42
   2.6 Die Doppelschiff-Technologie in jüngerer Zeit   48

3. Aufrichten in den Tempeln

   3.1 Wurden die Obelisken in die Vertikale gedreht?   50
   3.2 Rutschten die Obelisken von hohen Dämmen?   53
   3.3 Die ägyptische Schlitzkammer-Methode   55
   3.4 Konstruktive Details und Berechnungen   61
   3.5 Indizien für die Anwendung der Kammer-Methode . . .   68

4. Auf dem Seeweg nach Rom

4.1 Die vier größten Obelisken in Rom 71
4.2 Zeitgenössische Berichte und was Experten meinen . . . 73
4.3 Archäologische Untersuchungen im Hafen *Portus* 75
4.4 Die Römer lernten von den Ägyptern 77
4.5 Das Obeliskenschiff – rekonstruiert als Doppelschiff . . . 79
4.6 Bestätigen die zeitgenössischen Berichte die These? . . . 86

5. Aufrichten in Rom

5.1 Obelisken aufrichten – ein römisch-ägyptisches Projekt . 91
5.2 Rom und Alexandria 13-10 v. Chr. – vier Obelisken . . . 93
5.3 Rom nach 37 n. Chr. – der Vatican-Obelisk 101
5.4 Rom 357 – der Lateran-Obelisk 105
5.5 Ost-Rom/ Konstantinopel 390 – der Hippodrom-Obelisk 108

Anhang

1 Zum Hebelsystem für den Transport über Land 118
2 Zur Tragfähigkeit des doppelten Doppelschiffs 118
3 Zur Berechnung der Steinpakete an den Längsmauern . . 120

Anmerkungen 121

Überblick

Ägypten – Übersichtsplan des Landes 128
Ägypten und Rom – Zeitlicher Rahmen 129
Rom – Übersichtspläne von Stadt und Regiom 130
Rom – Zeichnungen der vier größten Obelisken 131

Einführung

Fragt man, was aus der Pharaonen-Zeit Ägyptens am stärksten beeindruckt, lautet die Antwort: Pyramiden und Obelisken. Wenn wir vor diesen Monumenten stehen, versagt unsere Vorstellungskraft. Wie hat man die Pyramiden von Giza gebaut und warum so gewaltig groß? Wie konnten vor 3500 Jahren mehr als 300 Tonnen schwere und bis zu 30 Meter hohe Obelisken herbeigeschafft und aufgestellt werden? Soll ein Besucher Ägyptens erklären, was er gesehen hat, wird es ihm leicht fallen, eine Pyramide zu beschreiben, aber wie ist ein Obelisk zu beschreiben?

„Ein Obelisk ist ein aufrecht stehender Pfeiler mit einer quadratischen Grundfläche, der aus einem einzigen Steinblock besteht (Monolith). Die vier geglätteten Seiten verjüngen sich nach oben hin. Den Abschluss bildet das sogenannte Pyramidion, benannt nach seiner Form, die einer kleinen Pyramide gleicht"[1].

Auch die Pyramiden hatten ursprünglich Spitzen in Form kleiner Pyramiden, und auch diese werden als Pyramidion bezeichnet. Obelisken und Pyramiden stehen in einer Entwicklungslinie des altägyptischen Sonnenglaubens. Die drei Pyramiden von Giza wurden, wie neue Erkenntnisse zeigen, als ein Monument des Glaubens an die Sonne und an den Sonnengott Re erbaut[2]. Ihre Spitzen markierten die Höhe der Sonne über Ägypten – nach dem Verständnis zur Zeit der 4. Dynastie um 2600 v. Chr. – auf den drei wichtigsten Stationen des Sonnenlaufs: an den Tagen der Sonnenwenden im Sommer und Winter sowie am Tag des ägyptischen Neujahrs. Es ist vorstellbar, dass die Spitzen, die Sonne symbolisierend, mit Gold oder mit einem anderen glänzenden Metall umkleidet waren. Auch die Obelisken waren ein Symbol des Sonnenglaubens. Die ersten, noch recht kleinen Obelisken errichteten die Könige der 5. Dynastie Userkaf und Niuserre (25. Jh. v. Chr.) in den Sonnentempeln von Abusir auf der Westseite des Nils[3], und gewiss ist, dass rund 1000 Jahre später die aus leuchtend rotem Granit gefertigten, großen Obelisken der 18. Dynastie goldglänzend überzogene Pyramidien hatten.

Zur Zeit des Alten und Mittleren Reiches war Memphis, zwischen Abusir und Saqqara gelegen, die Hauptstadt, aber der Sonnengott Re hatte sein Hauptheiligtum in Heliopolis auf der Ostseite des Nils, heute ein Areal im nördlichen Stadtgebiet von Kairo. Zu seiner Ehre errichteten die Könige in Heliopolis (griechisch: Sonnenstadt, ägyptisch: *junu* Pfeiler) im Lauf der Jahrhunderte immer wieder Obelisken. Heute weist nur noch der Obelisk des Sesostris I. (12. Dynastie, 20. Jh. v. Chr.) auf das religiöse Zentrum hin. Als Ägypten zur Zeit des Neuen Reiches unter den Herrschern der 18. Dynastie zur Weltmacht aufstieg, wurde Theben, gelegen nahe dem heutigen Luxor, die neue Hauptstadt des Pharaonenreiches. Der Stadtgott Thebens, Amun, verschmolz mit dem Sonnengott Re zum höchsten Gott Amun-Re, und zu Ehren von Amun-Re wurden dort die größten Obelisken aufgerichtet. Heute stehen noch drei von diesen: zwei Obelisken im Tempel in Karnak, gestiftet von Thutmosis I. und Hatschepsut sowie einer vor dem Tempel in Luxor, gestiftet von Ramses II.

Alle Obelisken tragen auf den vier Seiten Hieroglyphen-Inschriften, denen zu entnehmen ist, wer den Obelisk gestiftet hat und aus welchem Anlass das geschah. Im Zentrum des Weihespruchs steht stets die Lobpreisung des höchsten Gottes, doch wird aus dieser Ehrung, wenig anders ausgedrückt, eine rückbezogene Lobpreisung des Königs: er, der Pharao, – vom höchsten Gott über alles geliebt. Konkreter Anlass konnte beispielsweise die Verherrlichung des Pharaos als siegreicher Kriegsführer sein, wobei Siege real waren wie bei Thutmosis III., aber auch fiktiv wie bei Ramses II. Hinzu kam noch ein auf den Herrscher bezogener zeitlicher Anlass. So ließen die Könige bei der Übernahme der Regierungsgeschäfte Obelisken aufstellen und auch zum Jubiläumsfest *hebsed,* einem Fest zur Erneuerung des Machtanspruchs im 30. Regierungsjahr – davon abweichend die Pharaonin Hatschepsut im 16. Jahr ihrer Regierung.

Obelisken wurden paarweise aufgestellt. Wie jeder Obelisk für sich, so haben beide auch als Paar einen Bezug zur Sonne. Der eine Obelisk stellte die Verbindung zwischen dem König und der aufgehenden Sonne her und der andere die Verbindung zwischen ihm und der untergehenden Sonne. Setzt man Sonne und Amun-Re gleich, dann lassen sich die Obelisken als Symbol und Garant für die das Leben in Ägypten gewährleistende Wechselwirkung zwischen Gott und König erklären. Thutmosis III. und Hatschepsut ließen in Karnak zwei Paare Obelisken aufstellen. In Luxor standen ursprünglich vor dem Tempel zwei von Ramses II. gestiftete Obelisken; der westliche Obelisk wurde 1831-33 niedergelegt und nach Paris geschafft. Dass in Karnak östlich vom Tempel ein Obelisk einzeln steht, ist die Ausnahme, und nicht bekannt ist, ob seine Aufstellung von vornherein als Einzelstück geplant war (Bild 1).

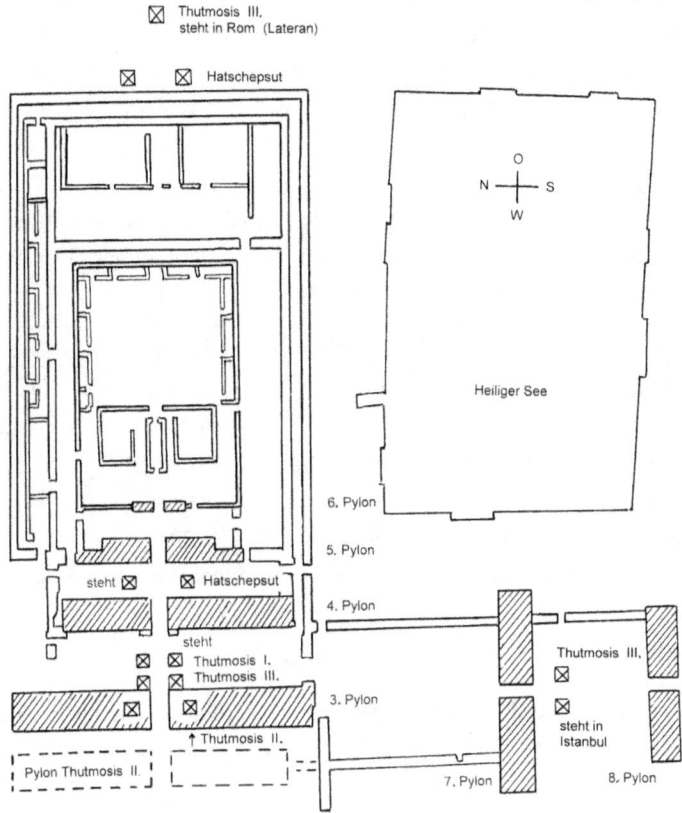

Bild 1 Die Obelisken in Karnak

Die Aufstellung der Obelisken in Karnak wird verständlich, wenn die Herrscherfolge betrachtet wird. Thutmosis I. war Pharao 1504–1492 und ließ zwei Obelisken westlich vom 4. Pylon aufstellen. Ihm folgte als Pharao sein Sohn Thutmosis II. 1492–1479, der zusammen mit seiner Gemahlin und Halbschwester Hatschepsut regierte. Die Fragmente von zwei ihm zugeschriebenen Obelisken fand man in den 80-er Jahren des vorigen Jhs. unter dem von

Amenophis III. errichteten 3. Pylon[4]. 1479 ging die Herrschaft auf Thutmosis III. über. Zunächst führte Hatschepsut als Regentin die Geschäfte für den jungen König, proklamierte sich dann aber im 7. Jahr ihrer Regentschaft selbst zum König und ließ die beiden Obelisken östlich vom Tempel aufstellen[5]. Das zweite Paar Obelisken wurde im 16. Jahr ihrer Regierung anlässlich eines vorgezogenen Erneuerungsfestes zwischen dem 4. und 5. Pylon aufgestellt. Erst nach ihrem Tod, etwa 1458, wurde Thutmosis III. Alleinherrscher bis 1425. Das von ihm zuerst gestiftete Paar Obelisken befand sich westlich vom 4. Pylon und das zweite südlich vom 7. Pylon. Den im Osten einzeln stehenden Obelisk gab Thutmosis III. zwar in Auftrag, doch wurde er erst nach seinem Tod von seinem Nachfolger aufgerichtet, wie aus den Hieroglyphen-Inschriften auf dem Schaft zu entnehmen ist.

Stifter	Sesostris I.	Thutmosis I.	Hatschepsut	Ramses II.
Dynastie	12. Dyn.	18. Dyn.	18. Dyn.	19. Dyn.
Jahr v. Chr.	ca. 1925	1504	ca. 1453	ca. 1260
Aufstellort	Heliopolis	Karnak 3/4 Pyl.	Karnak 4/5 Pyl.	Luxor
Größe	20,4 m	20,0 m	29,5 m	24,9 m
Gewicht	120 t	143 t	323 t	227 t
Stiftungsanlass	Erneuerungsfest	Regierungsantritt	Erneuerungsfest	Erneuerungsfest

Tabelle 1 Die vier in Ägypten stehenden Obelisken

Der Obelisk der Königin Hatschepsut ist der größte der noch in Ägypten stehenden Obelisken, aber er ist nicht der größte jemals aufgerichtete Obelisk. Thutmosis III. übertraf die Königin in seinem Ehrgeiz als Mitregent und später als Alleinherrscher. Der einzeln stehende Obelisk im Osten und die Obelisken hinter dem 7. Pylon waren mehr als 32 Meter hoch und etwa 500 Tonnen schwer. Zwei von ihnen stehen heute in Rom und Istanbul. Größter Obelisk überhaupt hätte der ‚unvollendete Obelisk' werden können – mit 41,7 Meter Höhe und 1160 Tonnen Gewicht – wenn ihn nicht Spannungsrisse zerstört hätten und wenn es gelungen wäre, ihn ans Ziel zu bringen und aufzurichten. Er ist heute im Steinbruch bei Assuan zu besichtigen, noch verbunden mit dem umgebenden Fels.

Nachdem bis zum Ende der Ptolemäer-Herrschaft zumindest 20 Obelisken in Ägypten überdauert hatten, mussten alle – ausgenommen die vier, die noch dort sind – bis zum Ende des 19. Jhs. mehrere Ortswechsel überstehen. Verglichen mit dem Land ihrer Herkunft, sind heute viermal so viele Obelisken im Exil zu bewundern: in Rom, Istanbul, Paris, London und New York.

Die ‚Reisen' der Obelisken begannen, als die Römer die ersten beiden übers Mittelmeer schafften und 10 v. Chr. zur Feier der 20-jährigen Wiederkehr ihres Sieges über Ägypten weihten. Weitere zehn Obelisken folgten, und im 4. Jh. gelang es, die beiden größten Obelisken nach Rom und Konstantinopel, heute Istanbul, zu transportieren und aufzurichten. Zu nicht bekannter Zeit stürzten in Rom alle Obelisken bis auf einen um, gerieten unter die Bodenoberfläche und – wurden vergessen. Erst im 16. Jh. erinnerte man sich an die großartigen Zeugen der Vergangenheit, legte die Obelisken frei und richtete sie erneut auf – an nochmals anderen Standorten. Die letzten Ortswechsel fanden im 19. Jh. statt, als ein Obelisk vom Tempel in Luxor nach Paris und zwei Obelisken aus Alexandria, die dort 13-12 v. Chr. aufgestellt worden waren, nach London und New York gebracht wurden.

Auf die wechselvolle Geschichte der Obelisken wird in dieser Untersuchung wiederholt eingegangen, jedoch nur so weit, wie es für die Beantwortung der folgenden vier Fragen erforderlich ist:
- Wie haben die Ägypter die Obelisken auf dem Nil transportiert?
- Wie haben die Ägypter die Obelisken am Ziel aufgerichtet?
- Wie haben die Römer die Obelisken über das Mittelmeer transportiert?
- Wie haben die Römer die Obelisken aufgerichtet?

Weil die Geschichte aller Obelisken im Steinbruch bei Assuan begann und weil sie vor dem Transport auf dem Nil ans Ufer gebracht werden mussten, wird zuvor noch gefragt, wie man sie aus dem Fels gebrochen und über Land bewegt hat.

Zu beachten ist bei allen Überlegungen, dass es zur Zeit der 18. Dynastie zwar Seile und Rollen zur Umlenkung von Seilkräften gab, aber weder Kräne noch Flaschenzüge. Wie war es bei diesen Gegebenheiten möglich, mehrere hundert Tonnen schwere Obelisken auf Schiffe zu laden, zuverlässig zu transportieren und am Ziel auf ihrer kleinen Basisfläche aufzurichten?

Zum Transport auf dem Nil haben sich Verlauf des 20. Jahrhunderts Experten unterschiedlicher Fachdisziplinen geäußert, doch sind deren Antworten nicht zufriedenstellend. Auch das Aufrichten der Obelisken ist nach unterschiedlichen Methoden bedacht worden, aber keine Methode hat Anerkennung gefunden. Es wird sich zeigen, dass die Ingenieure früherer Zeit anders vorgingen, als bisher angenommen wurde.

Zum Transport der Obelisken über das Mittelmeer nach Rom sind einige Bemerkungen von zeitgenössischen Historikern und Gelehrten überliefert, doch sind diese so vage gehalten, dass sie bisher nicht verlässlich interpretiert werden konnten. Nachdem aber kürzlich die von den Ägyptern auf dem Nil angewendete Methode erkannt worden ist und mit der Annahme, dass römische Ingenieure diese Methode vor Ort in Alexandria studierten, lässt sich das römische Obeliskenschiff in seinen Grundzügen rekonstruieren.

Zur Frage, wie man Obelisken in Rom und in Konstantinopel, der Hauptstadt des ost-römischen Reichsteiles, aufgerichtet hat, gab es bisher nur einige Vermutungen. Zwar wir wissen genau, wie Domenico Fontana Obelisken in Rom gegen Ende des 16. Jhs. aufgerichtet hat, doch hilft das nicht weiter, denn die Technologie zur Zeit der Renaissance stand 1600 Jahre früher nicht zur Verfügung. Es lässt sich aber zeigen, dass die Römer auch in dieser Hinsicht von den Ägyptern lernten und deren Methode anwendeten.

Über eigene Untersuchungen zu den ersten beiden Fragen habe ich auf den Tagungen der Ständigen Ägyptologen-Konferenz (SÄK) 1998 in Hamburg und 1999 in Trier berichtet und darüber hinaus Aufsätze zu den vier Fragen in Fach-Journalen veröffentlicht (s. S. 132). Das Anliegen dieses Buches ist es, die Themen an einer Stelle zu vereinen und leicht zugänglich zu machen. Im Vordergrund der Überlegungen werden zwar Aspekte der Technik stehen, doch werden diese so erörtert, dass für das Verständnis der angewendeten Verfahren keine speziellen Kenntnisse erforderlich sind. Die Weiterentwicklung der Technik war und ist zu jeder Zeit die Aufgabe von fachlich geschulten Ingenieuren, aber rückblickend erschließen sich technische Verfahren auch dem nicht speziell ausgebildeten Beobachter, wenn er – die Eigenheiten der Menschen früherer Zeit bedenkend – die überkommenen Spuren ihres Handelns sorgfältig auswertet.

1. Vom Steinbruch zum Nil

1.1 Die Obelisken aus dem Fels lösen

Der wegen seiner roten Farbe als Rosengranit bezeichnete Stein besteht zu 5/8 seines Volumens aus rotem Feldspat und im Übrigen aus Quarz und dunklem Biotit-Glimmer[6]. Südlich von Assuan, bei Elephantine nahe der Landesgrenze, tritt das aus der Tiefe der Erde hochgedrückte Gestein als Granitstock zutage (Bild 2).

Die Masse des Gesteins ist kein ungeteiltes Ganzes, sondern in sich zerklüftet. Die Klüfte laufen vertikal und horizontal zwar nicht geometrisch rechtwinklig, jedoch entstehen Blöcke in Form von Würfeln, Quadern und Balken. Verwittern die Blöcke an der Erdoberfläche, runden sich die Kanten, eine Form der Verwitterung, die von Geologen als Wollsack-Verwitterung bezeichnet wird. In der Frühzeit der Granitverarbeitung nutzte man die in großen Mengen im Gelände liegenden Blöcke beispielsweise für die Wandblöcke der Königskammer in der Cheops-Pyramide, für die 16 Lagen Verkleidungssteine der Mykerinos-Pyramide und für Sarkophage und Statuen.

Um Obelisken im Steinbruch zu gewinnen, war es erforderlich, in

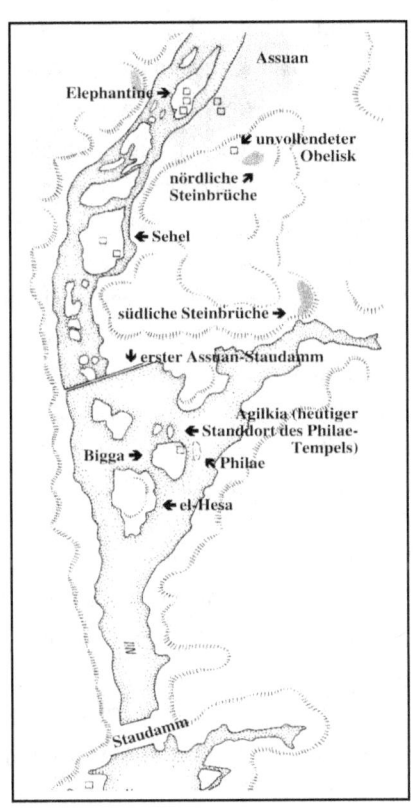

Bild 2 Die Steinbrüche bei Assuan (Habachi / Vogel, 1)

den geschlossenen Gesteinsverband von oben einzudringen. Ausreichend große, in Platten geschichtete Gesteinsfelder befanden sich im Gebiet des nördlichen Steinbruchs im Umfeld des unvollendeten Obelisken. Die verwitterten Schichten wurden weggeschlagen bis eine großflächig ebene, mehr oder weniger horizontal laufende Kluft im frischen Granit erreicht war, die als eine Seite des Obelisken geeignet erschien. Über die vorgesehene Höhe und Breite des Monolithen durften keine vertikal laufenden Klüfte vorhanden sein. Für das Wegschlagen wurden, wie auch schon vorher für die Formung von Blöcken, Dolerit-Steine benutzt. Der Dolerit, ein grau-schwarzer Basalt, ist noch härter als Granit. Beim Aufprallen zermürbt und zermalmt Dolerit den Granit. Man hat bis zu 5,5 kg schwere, kugelförmige Blöcke gefunden, sogenannte Dolerit-Hämmer und große Mengen abgenutzte Reste.

War die ‚obere Seite' des künftigen Obelisken freigelegt, markierte man sein Längsprofil und begann außerhalb dieses Profils mit dem Niederbringen von Schrotgräben, die den Obelisk an den Seiten umfassten und vom umgebenden Fels trennten. Reginald Engelbach, um 1920 als ‚Chief Inspector Antiquities Department' in Assuan tätig, legte die mit Sand und Geröll gefüllten Schrotgräben um den unvollendeten Obelisken frei und dokumentierte den archäologischen Befund[7]. Seine Pläne sind wiederholt publiziert worden[8]. Die Gräben sind 0,90-1,10 m breit und hätten – weil der Obelisk an der Basis 4,40 m breit ist – diese Tiefe erreicht, wären nicht Spannungsrisse im Obelisk aufgetreten, die zur Einstellung der Arbeiten führten. Ein großes Problem, das von vornherein genauer Untersuchungen bedurfte, war die Frage nach der Tiefe der nächstgelegenen horizontalen Kluft unterhalb der ‚oberen Seite' des Obelisken. Um zu klären, ob der Abstand mindestens die Breite des Obelisken hat, brachte man in der Flucht der längs gerichteten Schrotgräben Schächte mit quadratischem oder auch gerundetem Querschnitt nieder.

Ein eigenartiges Erscheinungsbild bieten die Wände der Schrotgräben, zum einen die Wand, die vom Obelisk gebildet wird (Bild 3) und zum anderen die Wand des umgebenden Gesteins (Bild 4). Beide Wände sind nicht ebenflächig, sondern in einer auf den ersten Blick nicht genau definierbaren Form gewellt, und zwar in rund 0,30 Meter breiten Bahnen[9]. Auch der Boden der Schrotgräben ist nicht ebenflächig, sondern in quer laufenden Rillen oder auch in Mulden geformt.

Bild 3
Die Wand des unvollendeten
Obelisken bei Assuan

Bild 4 Das Felsbett eines Obelisken

Engelbach[10] beschreibt den Befund am unvollendeten Obelisken treffend:

„Here we have the effect of a series of parallel, vertical ‚cuts' just as if the rock had been extracted with a gigantic cheese-scoop. A further feature of the trench is that there are no corners – everything is rounded. These peculiarities are seen not only, in the trench, but in the pits within the trench and even the test-shafts."

„Hier sehen wir eine Serie paralleler, vertikaler ‚Schnitte', als ob der Fels mit einem gigantischen Käsemesser entfernt wurde. Ein weiteres Merkmal des

Grabens ist, dass es keine Ecken gibt – alles ist gerundet. Diese Eigentümlichkeit ist nicht nur im Graben selbst zu sehen, sondern auch in den Vertiefungen im Graben und in den Prüfschächten" (Übers. A. W.).

Engelbach meint dann, das einzige Werkzeug, mit dem dieser Effekt erzeugt werden konnte, waren die Dolerit-Kugeln. Alle Formungen seien nicht durch Schneiden im Sinne von Trennen mit meißelartigen Instrumenten entstanden, sondern durch Ausschlagen. Seither ist diese Vermutung mehrfach wiederholt worden. Labib Habachi[11] zitiert Engelbach kommentarlos. Josef Röder[12] nimmt wie Engelbach an, dass je zwei parallele ‚Klopfbahnen' drei Steinhauern zugeteilt waren und 3 × 130 Arbeiter gleichzeitig die Kugeln in den Gräben aufprallen ließen. Rosemarie und Dietrich Klemm[13] erkennen am unvollendeten Obelisken „typisch wellenförmige Arbeitsspuren der pharaonischen Dolerit-Hämmer", die das Vorgehen im Steinbruch bestätigen.

Betrachtet man die Wände unvoreingenommen, wird man feststellen, dass die Oberflächen *keinen wellenartigen Verlauf* zeigen, wie behauptet wird. Das Aussehen lässt sich genauer beschreiben: Die vertikalen Bahnen sind in ihren mittleren Bereichen nahezu ebenflächig und plan-parallel zur Richtung des Schrotgrabens. Zwischen den Bahnen befinden sich schwach ausgeprägte Grate. Die Übergänge von den ebenen Bereichen zu den benachbarten Graten sind konkav gerundet. Entlang der Grate hatte Engelbach nach dem Ausräumen der Schrotgräben lotrechte rote Linien beobachtet, die abschnittsweise die Bahnen begrenzen und den Handwerkern die Arbeitsrichtung vorgaben. Lotrechte, rote Markierungslinien dokumentierte er auch an der Felswand oberhalb des unvollendeten Obelisken (Bild 4). An dieser Stelle sei den Lesern ein Gedankenexperiment empfohlen: Man möge sich vorstellen, dass die Steinhauer aufgefordert waren, mit ihren Dolerit-Kugeln nahezu ebenflächige, vertikale Bahnen herzustellen, dabei aber unbedingt Grate zwischen den Bahnen stehen zu lassen. Als Ergebnis der Überlegung sollte zu erkennen sein, dass ein derartiges Vorgehen nicht nur sinnlos wäre, sondern dass es praktisch unmöglich wäre, die Vorgabe zu erfüllen. Leichter könnten gleichmäßig ebene Wandflächen hergestellt werden. Daraus folgt, dass die Wände der Gräben auf andere Weise geformt wurden, als bisher angenommen wird.

Mit Blick auf das Herauslösen der Obelisken aus dem Fels ist es erforderlich, sich ein Bild zu machen von den in langer Zeit erworbenen Fähigkeiten der Steinhauer und Steinmetzen. Es ist bekannt und unbestritten, dass schon zur Pyramidenzeit, also rund 1000 Jahre früher, Sarkophage *aus Granitblöcken herausgesägt* werden konnten[14]. Auch der als Sarkophag des Pharaos Cheops bezeichnete, rund 2 Meter lange, quaderförmige Block in der Königskammer der Cheops-Pyramide wurde aus einem Granitblock gesägt. Der Ägyptologe William Flinders Petrie[15] schreibt, dass Arbeitsspuren an den Längsseiten erkennen lassen, wo die Säge zu tief einschnitt und neu angesetzt werden musste. Der Hohlraum des Blocks wurde nicht ausgeschlagen sondern ausgebohrt, wie ein schräg verlaufender Bohrkanal beweist. Entlang der Innenwände hat man 18 Bohrungen längs und 6 Bohrungen quer niedergebracht[16]. Die Abweichungen der Ist-Maße des Hohlraumes von den Soll-Maßen lassen sich ermitteln, weil die Soll-Maße mit den Maßen der Pyramide mathematisch korreliert sind[17]: es sind wenige Millimeter. Über der Königskammer befinden sich 7-8 Meter lange, bis zu 40 Tonnen schwere Granitriegel, die so präzise gesägt wurden, dass die Fugen nahezu geschlossen sind.

Wenn man nicht annehmen will, dass der Einsatz mechanisch wirkender Geräte von der Pyramidenzeit bis zur Obeliskenzeit vergessen wurde, ist zu prüfen, ob im Steinbruch nur mit Dolerit-Hämmern geschlagen wurde oder ob Technik zum Einsatz kam. Allerdings kennt man aus altägyptischer Zeit nur die außergewöhnlichen Ergebnisse der Hartstein-Bearbeitung und von den Geräten deren Arbeitsspuren[18], nicht aber die Geräte selbst. Gleichwohl ist zu fragen, wie wohl Geräte aussahen und wirkten, mit denen man die Wände der Schrotgräben hergestellt hat.

Alberto Preti[19] meint, dass man Fräsköpfe aus Bronze an lotrecht geführten Stangen in Drehbewegung versetzte, und die Fräsköpfe hätten aus zwei kreuzweise zusammengefügten Halbkreis-Scheiben bestanden. Trifft diese Vermutung zu, müssen die Wände vertikal gerillt sein, und die Rillen müssen kreisförmig konkav sein. Ersteres trifft zu, letzteres ist aber augenscheinlich nicht der Fall, und deshalb kann Preti's Annahme nicht richtig sein.

Will man heute einen Schlitz in das Gestein schneiden, kann man einen Trennschleifer mit rotierender Trennscheibe benutzen, deren untere Hälfte die Form eines Halbkreises hat und wie eine Säge wirkt. Eine halbkreisförmige, schleifend wirkende ‚Säge' war auch zur Obeliskenzeit ein geeignetes Gerät, denn Bronze, ein Hartmetall aus Kupfer und Zinn, war verfügbar. Freilich rotierte ein Trennschleifer um 1500 v. Chr. nicht ständig in einer Richtung um 360 Grad, sondern alternierend vor und zurück um jeweils etwa 45 Grad. Nach oben hin gerichtet hat man sich eine Führungsstange zu denken, – im Mittelpunkt der Halbkreis-Scheibe angebracht –, an deren oberem Ende nach beiden Seiten hin Zugstangen angelenkt sind.

Zwei Arbeiter versetzten die Trennscheibe in Drehbewegung, indem sie abwechselnd an den Stangen zogen. Anzunehmen ist, dass die Scheibe aus Bronze einen Durchmesser von vier Handbreiten ≈ 0,30 Meter hatte, entsprechend der Breite der Bahnen. Zur Dicke der Scheibe kann nichts eindeutig gesagt werden. Bei einer Zähnung der Säge und beim Schleifmittel ist an Korund zu denken, der in Ägypten zu finden war. Wie sehen nun die Arbeitsspuren aus, die das Gerät an der Wand hinterlässt?

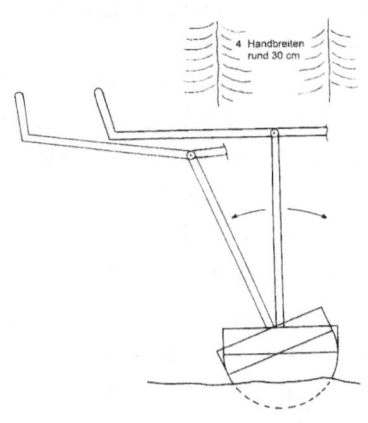

Bild 5 Trennschleifer für Obelisken

Die Antwort auf die Frage lautet: War die Scheibe neu, waren ebene Flächen mit kleinen Graten an beiden Rändern zu sehen. Nutzte sich die Scheibe im Lauf der Zeit ab, wirkte sich das auf die Spuren aus. Infolge der seitlichen Reibung der Scheibe an der Wand wurde Bronzematerial abgeschliffen, und zwar zum Scheibenrand hin mehr als in der Mitte, weil zum Rand hin der überstrichene Weg länger wird. Dadurch formte sich die Scheibe zum Rand hin ähnlich einem Diskus. An der Wand führte die konvexe Umformung der Scheibe dazu, dass sich konkav geformte Übergänge von der ebenen Mitte zu den Graten hin bildeten. Eine Abnutzung außen am Scheibenrand hatte dagegen keine sichtbare Wirkung an der Wand, weil die Trennscheibe in der Höhe genügend Bronzematerial hatte und sich infolge der Drehbewegung ständig kreisförmig nachschliff.

Als nächstes ist zu bedenken, dass die Grabenwände senkrecht nach unten verlaufen sollten, eine Forderung, die sich leicht erfüllen ließ, wenn beide Wände gleichzeitig hergestellt wurden. Wurden zwei Trennscheiben in den Drehpunkten starr miteinander verbunden, hatte man das geeignete Gerät. Auf das Verbindungsteil stellte man Steine, die für genügend hohen Anpressdruck beim Sägen / Schleifen sorgten. Waren die Scheiben weit genug in den Granit eingedrungen, hob man das Gerät heraus und schlug den Stein zwischen beiden Einschnitten mit Dolerit-Kugeln heraus. Danach wurde der Doppel-Trennschleifer erneut angesetzt. Die roten Markierungslinien an den Wänden lassen sich als Führungshilfe erklären. Die Führungsstangen des Doppel-Trennschleifers mussten in der Mitte zwischen den Linien senkrecht stehen, wenn das Gerät für den nächsten Einschnitt justiert wurde. Hatten die Schrotgräben die geplante Tiefe erreicht, wurde die Bodenfläche nicht eben ausgeschlagen, sondern in Rillenform gebracht. Anzunehmen ist, dass die eingesetzten Geräte wie einzelne, breite Trennscheiben wirkten.

Um den Monolith von seinem Felsbett zu brechen, musste unterhalb seiner unteren Längsseite eine ‚Soll-Bruchstelle' geschaffen werden. Engelbach[20] nimmt an, dass von beiden Längsgräben aus der Stein unter dem Obelisk auf 0,5 Meter oder alternativ auf ¼ der Obelisk-Breite weggeschlagen wurde, sagt aber nicht, wie die erforderliche Prallkraft horizontal erzeugt werden konnte. Röder[21] bezieht sich auf Engelbach und „möchte glauben, dass man so gearbeitet hat". Ein wertvoller Hinweis ist Jean Golvin und Jean Goyon[22] zu danken: „Wenn ein Obelisk auf all seinen Seiten (gemeint sind drei Seiten) aus dem Fels herausgearbeitet war, legte man unter seiner Unterseite nebeneinander eine Reihe von tunnelartigen Röhren an." Es wird zwar nicht gesagt, wie das möglich war, aber es ist anzunehmen, dass die Röhren mit Hohlbohrern hergestellt wurden. Ohne hier die altägyptische Technik des Hohlbohrens darzustellen, lassen an anderen Orten gefundene Arbeitsspuren – Bohrlöcher und Bohrkerne – kaum daran zweifeln, dass Rohre aus Bronze mit alternierenden Drehbewegungen horizontal in den Stein gedrückt wurden. Den seitlichen Anpressdruck konnte man mit einem axial auf das Rohr wirkenden Hebel erzeugen. Zum Losbrechen des Obelisken wurden sehr lange Balken aus dem Holz der Zeder benutzt, die im Libanon-Gebirge zu mehr als 20 Meter hohen Bäumen heranwächst. Man setzte die Balken am oberen Rand des einen Längs-Grabens als Hebel gegen den Obelisk an und brach ihn, an den oberen Enden der Balken an Seilen ziehend, von seinem Felsbett.

1.2 Die Obelisken auf der Rampe zum Nil

Nach dem Ablösen des Obelisken hebelte man ihn hoch oder schlug das Gestein an einer Schmalseite weg. Wie aber wurde der Weg bis zum Nil bewältigt? Wurde der Obelisk auf einer Zugbahn Stein auf Stein gezogen oder auf Rollen aus Holz? War es bei einem mehrere hundert Tonnen schweren Stein wirkungsvoll, die Zugbahn mit nassem Nilschlamm gleitfähiger zu machen? Welche Zugkraft konnte ein Arbeiter einsetzen? Keine Frage lässt sich auch nur einigermaßen zuverlässig beantworten, wie Dieter Arnold[23] nachgewiesen hat. So wird das von einem Mann zu bewältigende Steingewicht mit 500 kg, 160 kg oder auch mit nur 60 kg angegeben. Nimmt man 100 kg an, müssten, um einen Hatschepsut-Obelisk zu ziehen, 3230 Männer eingesetzt werden. Rollen unter dem Obelisk würden zwar die Reibung verringern, sich aber gegeneinander verkeilen, wie Versuche gezeigt haben. Einen Anhalt könnte ein Bild im Grab des Gouverneurs Djehutihotep in El-Bersheh in Mittelägypten um 1900 v. Chr. geben. Zu sehen ist der Transport einer 60 Tonnen schweren Statue aus Alabaster auf einem Schlitten bei gewässerter Zugbahn[24]. 172 Männer ziehen die Statue. Doch auch diese Darstellung hilft letztlich nicht weiter, denn es ist unmöglich, einen Zugschlitten für einen 5-mal so schweren Obelisk zu konstruieren.

Aber etwas anderes ist zu bedenken. Wer will mit Sicherheit sagen, dass man den Obelisk auf der Rampe zum Nil und auch am Ziel vom Nil zum Tempel *gezogen* hat? Wenn große Hebel zum Losbrechen des Obelisken Kraft sparend eingesetzt wurden, könnten Hebel auch beim Transport über Land verwendet worden sein. Ist ein Transportsystem denkbar, das weniger auf menschlicher Zugkraft beruht und mehr auf der Kraft sparenden Wirkung von Hebeln? Optimal wäre es, wenn bei jedem Hebel-Hub zum einen die Reibung aufgehoben würde und zum anderen ein Vorschub bewirkt wird. Ein derartiges System wird im Folgenden – zumindest für Ägypten erstmals – beschrieben (Bild 6).

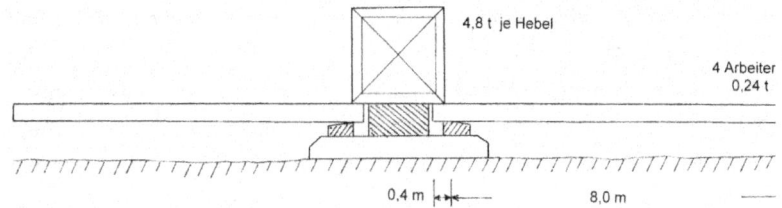

Bild 6 Das Hebel-System für den Transport über Land (Querschnitt)

Der Obelisk liegt auf einer Rampe aus Stein, die schmaler ist als der Obelisk am Pyramidion breit ist. Auf beiden Seiten der Rampe verläuft parallel je eine schmale Hebelbahn aus Stein, die niedriger ist als die Rampe. Rampe und Hebelbahnen haben gemeinsam ein Fundament – Riegel aus Stein –, so dass sie in der Höhe zueinander fixiert sind. Auf die Hebelbahnen werden Zedernstämme als Hebel gelegt, die unter den Obelisk greifen. Werden die Hebel ausreichend stark belastet, wird der Obelisk angehoben und dadurch die Reibung Stein auf Stein ausgeschaltet. Bewegt man in diesem Zustand auf ein Kommando alle Hebel um einen Hub horizontal gegen die Transportrichtung, wird der Obelisk vorwärts bewegt. Danach wird der Stein abgesetzt, und die Hebel werden, ohne sie von den Hebelbahnen zu nehmen, nach vorn in die Ausgangslage für den nächsten Hub gebracht.

Jeder Hebel wird von einer Mannschaft bedient. Die Hubkraft wird dadurch erzeugt, dass von den Arbeitern einige auf eine kleine Plattform am Ende des Hebels steigen und ihn mit ihrem Gewicht belasten. Danach drehen die anderen Arbeiter der Mannschaft den Hebel ohne großen Kraftaufwand. Jeder Hebel bleibt auf der Hebelbahn an seinem Platz bis der Obelisk ‚vorbei gewandert' ist; dann wird er vor dem Obelisk neu angesetzt.

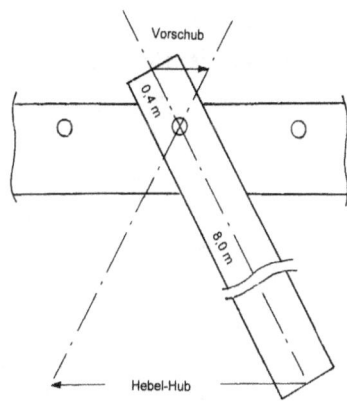

Bild 7 Der Vorschub beim Hebel-Hub

Der Hebelabstand, die Hebellänge und die Anzahl Männer als Hubgewicht beruhten seinerzeit auf Erfahrungen. Hier werden die Parameter frei gewählt: Hebellänge kraftseitig 8 Meter, Hebellänge lastseitig 0,4 Meter, Hebelabstand 0,8 Meter. Um einen Eindruck zu gewinnen, ist im Anhang 1 eine Rechnung zum Transport eines Hatschepsut-Obelisken durchgeführt worden unter der vereinfachenden Annahme, sein Gewicht sei gleichmäßig über die Schaftlänge s verteilt. Bei allen Berechnungen in dieser Untersuchung, werden die Maße am Obelisk mit Buchstaben bezeichnet:

Schaftlänge s   Pyramidionhöhe p   Gesamthöhe h
Breite an der Basis a   Breite am Pyramidion b

Das spezifische Gewicht des Rosengranites, die Dichte ist $\sigma = 2{,}68$ g/cm^3.

Die Rechnung hat ergeben, dass der Obelisk angehoben werden konnte, wenn auf jeder Hebelbahn 35 Stämme als Hebel angesetzt wurden und jedem Hebel 4 Arbeiter als Gewicht zugeteilt waren. Wurden 3 Arbeiter für das Bewegen des Hebels eingeteilt, ließ sich der Obelisk von weniger als 500 Arbeitern vorwärts bewegen. Gab der Bauleiter bei Hebellängen von 8 m kraftseitig und 0,4 m lastseitig (20 : 1) als Hebel-Hub 2 m vor, betrug der Vorschub je Hub 2,0 / 20 = 0,10 m. Mit 2 Hubs je Minute, also 120 Hubs je Stunde, ließ sich der Hatschepsut-Obelisk in weniger als drei Stunden über eine Strecke transportieren, die seiner Höhe h = 29,5 m entspricht.

Bei konkreter Planung wären Details zu prüfen, so beispielsweise, ob der Hebelarm lastseitig stets gleich lang sein soll. In diesem Fall müssten die Auflagersteine der Hebelbahnen wegen der ungleichen Breite des Obelisken verschiebbar sein. Günstiger wäre es aber wohl, wenn der lastseitige Hebelarm zur Basis hin – wegen der Zunahme des Gewichtes – kürzer wird. Eine andere Frage ist, wie die Zedernstämme beim Drehen auf den Hebelbahnen gegen Abrieb des Holzes geschützt wurden. Ein geeignetes Mittel könnten Manschetten aus Bronze um die Stämme am Auflager sein. Wesentlicher aber ist es, zu erkennen, dass es eine Methode gab, die beim damaligen Stand der Technik einen geringen Aufwand an Muskelkraft erforderte. Wir werden sehen, dass das Technologie-Prinzip der intelligenten Kraftminimierung auch für den Transport auf dem Nil und für das Aufrichten der Obelisken gilt. Diese Übereinstimmung lässt es fast zur Gewissheit werden, dass verfahren wurde wie beschrieben.

2. Auf dem Nil zu den heiligen Stätten

2.1 War das Obeliskenschiff ein Gigant auf dem Nil?

Über den Transport der Obelisken auf dem Nil sind wir gut informiert, so hat es den Anschein. Im Tempel der Königin Hatschepsut in Deir el-Bahari, auf der Westseite des Nils gegenüber Theben / Luxor, befindet sich in der Südhalle der unteren Terrasse ein Bild, das zeigt, wie zwei Obelisken auf einem unerhört großen Schiff in Karnak ankommen. Es sind die beiden Obelisken, die die Königin am Beginn ihrer Regentschaft östlich vom Tempel aufstellen ließ[25]. Es ist davon auszugehen, dass sie so groß und schwer waren, wie der heute noch stehende Obelisk: 29,5 Meter und 323 Tonnen. Das Schiff trägt keine Segel, auch ist keine Rudermannschaft an Bord. Es wird vielmehr von 30 Schiffen gezogen, die mit Seilen in drei Reihen vorgespannt sind. Je 10 Schiffe fahren hintereinander, und jedes Schiff ist mit 30 Ruderern bemannt. Das Bild ist im Lauf von 3500 Jahren zum Teil verwittert, so dass nicht mehr alle Einzelheiten erhalten sind, aber eine Umzeichnung lässt doch das Wesentliche erkennen[26] (Bild 8).

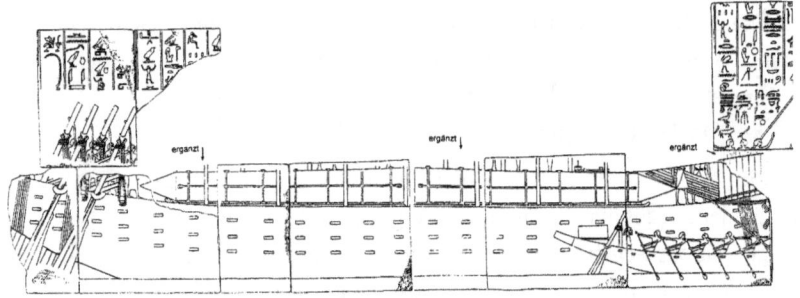

Bild 8 Das Obeliskenschiff der Königin Hatschepsut (Landström, 26)

- Die beiden Obelisken liegen auf Zugschlitten hintereinander auf dem Deck; ihre Spitzen weisen zum Bug und zum Heck.
- Seitlich der Obelisken befinden sich, verteilt über die Länge des Schiffes, vertikale Streben, deren obere Enden nicht mehr vorhanden sind.

- Am Bug und am Heck sind je fünf gespannte Seile zu erkennen, die unter Deck befestigt sind und schräg nach oben führen. Diese Seile verliefen ursprünglich oberhalb der vertikalen Streben parallel zum Deck.
- Eine Bandage aus schmalen Balken umgibt die Obelisken.
- An der Bordwand befinden sich drei Reihen Rechtecke, deren Bedeutung sich bei der Rekonstruktion des Schiffes erkennen lässt.

Zum Transport von Obelisken ist auch ein schriftlicher Beleg aus jener Zeit bekannt. Ineni, der Oberbeamte, der verantwortlich war für die Bauarbeiten am Tempel in Karnak, berichtet in seiner Grabinschrift von der Tätigkeit unter Thutmosis I., dem Vater von Hatschepsut. Ineni schreibt, er habe zur Beförderung eines Obelisken-Paares ein Schiff bauen lassen, das 120 Ellen (63 m) lang war und 40 Ellen (21 m) breit[27].

In den Jahrzehnten nach 1920 rekonstruierten Sachverständige der Marine, des Schiffbaues und der Technik in der Antike das Schiff so, wie es zu sehen ist, aber doch auf unterschiedliche Weise.

Admiral G. A. Ballard[28] meinte 1920 und wiederholte es 1926, dass die Darstellung als unrealistisch zu werten sei, weil es nicht möglich war, zwei Obelisken gleichzeitig auf einem Schiff zu befördern. Die Obelisken seien zwar zu gleicher Zeit in Karnak angekommen, – und das habe der Künstler zeigen wollen –, aber jeder Obelisk lag für sich auf einem Schiff, das dieselben Maße hatte wie das von Ineni gebaute Schiff. Ballard kalkuliert:
- Schiffsgewicht 600 t + Ballast 50 t + Obelisk 370 t
→ Deplacement 1020 t

August Köster[29], ein Schiffbau-Fachmann, legte 1934 eine Untersuchung mit folgendem Ergebnis vor: Wie der Vergleich mit den 29,5 m hohen Obelisken zeigt, war das Schiff 84 m lang und hatte 6 m hohe Bordwände. Die Breite ist zu 28 m anzunehmen – ein Drittel der Länge wie bei Ineni –, und die Planken müssen 0,50 m dick gewesen sein. Köster kalkuliert:
- Schiffsgewicht 1916 t + 2 Obelisken 748 t → Deplacement 2644 t

Kapitän Carl V. Sölver[30] nahm 1940 ebenfalls an, dass beide Obelisken auf einem Schiff befördert wurden, aber sie lagen *gleichgerichtet nebeneinander,* und von der Seite zu sehen war eigentlich nur ein Obelisk. Der Künstler habe anschaulich machen wollen, dass das Schiff mit zwei Obelisken beladen war

und hat sie deshalb hintereinander dargestellt. Sölver bezieht sich ebenfalls auf die von Ineni angegebenen Maße, berechnet aber abweichend die Schiffsbreite zu 25 m und kalkuliert:
- Schiffsgewicht 800 t + 2 Obelisken 700 t → Deplacement 1500 t

1947 meldete sich Ballard noch einmal zu Wort und meinte, wenn Experten bei der Rekonstruktion des Obeliskenschiffs zu derart unterschiedlichen Ergebnissen kommen, müsse wohl auf Dauer Spekulation bleiben, wie die Obelisken auf dem Nil befördert wurden.

Als Ergebnis der Rekonstruktionsversuche ist zu folgern, dass das Obeliskenschiff – welche Deutung des Bildes auch immer im Detail als zutreffend angenommen wird – ein Gigant auf dem Nil war. Einen Eindruck vermittelt der Querschnitt, den Björn Landström[31] nach den Annahmen von Sölver gezeichnet hat (Bild 9).

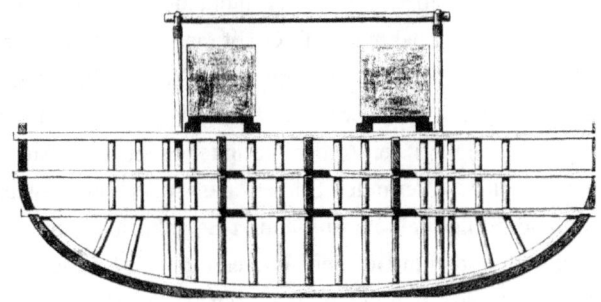

Bild 9
Querschnitt des Obeliskenschiffs
(Landström, 26)

Zur Aussteifung der – im alten Ägypten ohne Spanten gebauten – Schiffshülle und als Auflager für die Obelisken diente ein inneres Rahmenwerk. Die drei Reihen Rechtecke an der Bordwand bestätigen das dem Augenschein nach. Oberhalb des Decks liefen in Längsrichtung des Schiffes fünf horizontal gespannte Seile über mehrere Rahmen, die an den Steven verankert waren, wie noch heute zu sehen ist. Bekannt sind allerdings nur verdrillte und über Gabelstützen geführte Seile von Darstellungen ägyptischer Seeschiffe in den Tempeln der Königin Hatschepsut und des Königs Sahu-Re. Die Seile wirkten bei hohem Seegang den Durchbiegungen des Schiffes entgegen, wenn sich die Mitte des Schiffes oben auf einer Welle befand und die Steven sich vorn und achtern abwärts neigten. Auf dem ruhig fließenden Nil sollten Seile für diesen Zweck nicht erforderlich gewesen sein.

Die Überlegungen der Autoren zum Beladen des Obeliskenschiffs gehen über Vermutungen nicht hinaus. Ballard meint, das Schiff sei in einem schmalen Hafenbecken im Wasser schwimmend beladen worden. Während der parallel zum Kai liegende Obelisk über die Kante auf das Schiff geschoben wird, werden auf der gegenüber liegenden Seite Ballast-Steine als Gegengewicht auf das Schiff gebracht. Ist der Obelisk gänzlich auf dem Schiff und wird dann in die Mitte gezogen, werden die Ballast-Steine wieder Stück für Stück entladen. Zu dem von Ballard angenommenen Ladevorgang ist anzumerken, dass der Obelisk das Schiff nicht allmählich zunehmend belastet, sondern in einem bestimmten Moment von der Kaikante auf das Schiff kippt. Das Schiff krängt dabei schlagartig und kentert.

Sölver verweist auf Engelbach[32], der das Beladen so beschreibt: Das Schiff wird nahe ans Ufer gebracht und an allen Seiten mit Sand überhäuft. Dann zieht man den Obelisk auf den Sandhaufen und dort über den Platz auf dem Schiff, den er einnehmen soll. Gräbt man danach den Sand ab, senkt sich der Obelisk auf das innere Rahmenwerk. Wenn Schiff und Uferbereich wieder sandfrei sind, ist das Schiff zur Abfahrt bereit. Wo sich mehrere tausend Zugleute während der Aktion befinden, sagt Engelbach nicht. Abweichend von Engelbach vermutet Sölver, dass der Ladevorgang im Trockendock stattfand. Einige Jahre später ändert Engelbach[33] seine Meinung zur Lage der Obelisken und zum Beladen. Wegen der Top-Lastigkeit des Schiffes vermutet er jetzt, dass sich beide Obelisken *im Schiff* befanden. Er meint, dass der Transport im Trockendock vorbereitet wurde, wo man das Schiff mit den inneren Aussteifungen *um die Obelisken herum* gebaut hat.

1987 hat André W. Sleeswyk[34], ein Experte für die Technik in der Antike, neue Gedanken zur Konstruktion des Hatschepsut-Schiffes und zum Laden der Obelisken vorgetragen. Beide Obelisken lagen seiner Meinung nach zwar nebeneinander, wie es auch Sölver angenommen hat, aber abseits von der Schiffsachse und mit den Spitzen gegeneinander gerichtet (Bilder 10, 11). Beladen wurde das Schiff schwimmend in einem schmalen Hafenbecken, indem die Obelisken auf Zugschlitten von den Steven aus gleichzeitig auf das Schiff gezogen wurden. Um die Balken des Decks stets auf gleicher Höhe mit den Kaikanten zu halten, wurde Ballast, der vor dem Beginn des Ladevorgangs auf das Schiff gebracht worden war, mit zunehmender Belastung durch die Obelisken wieder von Bord geschafft.

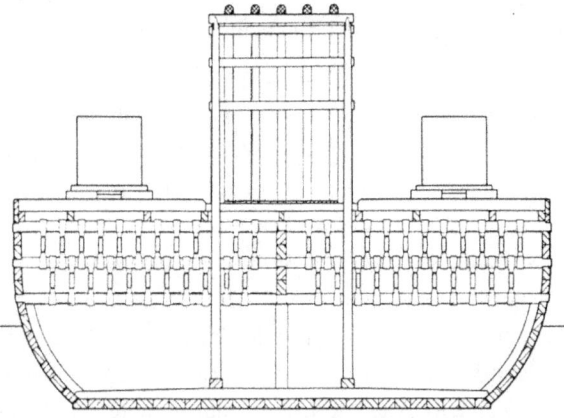

Bild 10
Querschnitt des
Obeliskenschiffs
(Sleeswyk, 34)

Die Spannseile waren nach Sleeswyk nicht während der Fahrt erforderlich, sondern beim Be- und Entladen, um die Planken des Schiffsbodens unter Druck zu bringen. Wenn die Zugschlitten vom Kai auf das Schiff kippten, wirkten die Seile den auftretenden Biegespannungen entgegen.

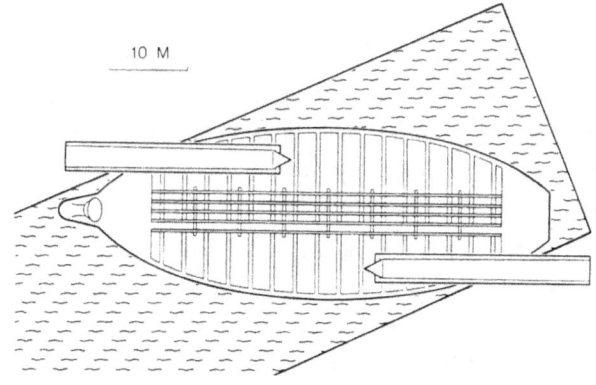

Bild 11
Beladen des
Obeliskenschiffs
(Sleeswyk, 34)

Leider – oder auch wohlweislich – hat der Autor keine Angaben gemacht zu den Kräften, die auf die Schiffsverbände einwirken, wenn zwei Mannschaften mit zusammen möglicherweise mehr als 6000 Männern zwei 323 Tonnen schwere Steine ruckweise gegeneinander über die Aussteifungen der Schiffshülle zerren und dabei noch zusätzlich ein Drehmoment um die Schiffsachse erzeugt wird. Man kann gar nicht fehlgehen in der Annahme, dass die ‚weichen' Verbände des Rahmenwerkes beim Beladen zerfetzt werden.

Überblickt man die im Verlauf von 70 Jahren angestellten Überlegungen zur Bauweise des königlichen Frachtschiffs und zum Transport, lässt sich das Ergebnis der Bemühungen in zwei Punkten zusammenfassen:

- Das Obeliskenschiff der Königin Hatschepsut kann nicht ‚aus sich heraus' erklärt werden.
- Der Vorgang des Be- und Entladens kann nicht befriedigend erklärt werden.

Hiervon ausgehend, suchte ich einen neuen Ansatz für die Rekonstruktion und fand Hinweise darauf, wie sehr schwere Steinlasten in noch früherer Zeit – zur Zeit des Alten Reiches – auf dem Nil befördert wurden[35]. Mit dem neuen Ansatz werde ich das Hatschepsut-Schiff auf gänzlich andere Weise rekonstruieren.

2.2 Ein neuer Ansatz für den Transport schwerer Steine

Die Schifffahrt mit schwersten Einzellasten begann zur Zeit der 4. Dynastie im 27. Jh. v. Chr. als in die Cheops-Pyramide 44 Granitbalken mit Gewichten von bis zu 40 Tonnen eingebaut wurden. Sie bilden die Decken der Königskammer und der vier ‚Entlastungskammern' über der Königskammer. Jene vier Kammern haben allerdings keine vom Gewicht der Pyramidensteine entlastende Wirkung; im Monument des Sonnenglaubens sind vielmehr *die Decken selbst* das Wesentliche der Konstruktion[36].

König Unas, letzter König der 5. Dynastie (24. Jh. v. Chr.), ließ 6,5 Meter hohe und 16 Tonnen schwere Säulen aus Granit anfertigen, von denen sich noch heute zwei in Saqqara am Anfang des Aufwegs zur Pyramide des Königs befinden[37]. Sehr schwere Objekte waren auch Sarkophage und Opfergabentische. Im Hinblick auf den Schiffstransport ist festzustellen, dass die Ingenieure im Alten Reich in der Lage waren, Einzellasten von 40 Tonnen, vielleicht auch mehr, mit Schiffen zu befördern.

Obwohl Künstler von früher Zeit an Schiffe auf dem Nil zum Gegenstand ihrer Bilder machten, gibt es aus dem Alten Reich nur zwei Darstellungen vom Transport sehr schwerer Steine:
- Im Grab des Senedjem-Ib aus der 5. Dynastie zeigt ein Bild den Transport eines Sarkophags mit dem zugehörigen Deckel auf einer Barke[38] (Bild 12). Das Schiff hat keinen eigenen Antrieb.
- Am Aufweg zur Pyramide des Königs Unas in Sakkara sind auf Relief-Steinen vier Schiffe gleichen Typs zu sehen, die je zwei Säulen geladen haben. Bild 13 zeigt die Umzeichnung eines Relief-Steins[39]. Die Hieroglyphen-Beischrift besagt: Wir bringen Granitsäulen von den Werkstätten in Elephantine nach (zur Pyramide, die genannt wird) die Stätten des Unas sind herrlich.

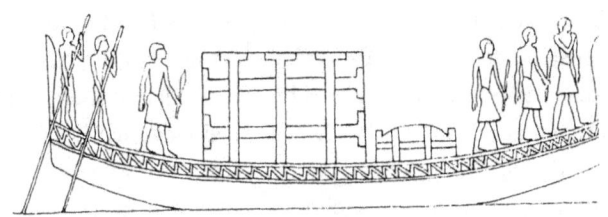

Bild 12
Barke mit
Sarkophag
(Boreux, 38)

Bild 13 Das Säulen tragende Schiff des Königs Unas (Hassan, 39)

Der Transport schwerer Steine – bis hin zu Obelisken – war eine Aufgabe, die nur gelingen konnte, wenn alle Randbedingungen der Schifffahrt sorgfältig bedacht wurden und zueinander passende, technische und betriebliche Komponenten verfügbar waren. Die Komponenten mussten im Rahmen der Transport-Technologie aufeinander abgestimmt sein, um die Aufgabe zu bewältigen. Bei der Rekonstruktion von altägyptischen Schiffen kann es

deshalb nicht genügen, rückblickend ausschließlich zu fragen, wie die Schiffe konstruiert waren. Die schiffbautechnische Frage ist nur ein Aspekt der Rekonstruktion. Darüber hinaus muss überzeugend nachgewiesen werden,
- wie die Schiffe voran gebracht wurden,
- wie die Schiffe in der Strömung navigiert wurden und
- wie man die Schiffe beladen hat.

Schiffbau und Ladetechnik, Vortrieb und Navigation mussten ein *in sich stimmiges System* bilden. Die Technologie hatte, weil der Zweck der Schifffahrt dem König diente, dem Stand der Zeit zu entsprechen und musste in *jeder Phase sicher* beherrscht werden.

Die Rekonstrukteure des Obeliskenschiffs gingen von keinem *systemtechnischen Ansatz* aus. Weil die Experten der Marine, des Schiffbaues und der antiken Technik zwar die Konstruktion des Schiffes bedachten, aber nicht ausreichend den Ladevorgang, den Vortrieb und die Navigation, konnte das Hatschepsut-Schiff nicht eindeutig interpretiert werden. Die Frage, wie die Obelisken auf das Deck in die Mitte zwischen den Bordwänden oder in das Innere des Schiffs gelangten, blieb offen. Um es von vornherein und klar zu sagen: Es gab im Alten Reich und auch später kein Verfahren, das geeignet war, extrem schwere Steine über die Bordwand auf ein Schiff zu laden.

Zwar nutzten die Ägypter zu jeder Zeit bei der Weiterentwicklung der Schiffe früher gemachte Erfahrungen, doch waren die Randbedingungen des Schiffbaues im Neuen Reich dieselben wie im Alten Reich: Kräne und Flaschenzüge gab es nicht. Waren auch die auf dem Nil zu befördernden Obelisken um ein Vielfaches schwerer als die Lasten im Alten Reich, so ist doch eine Folgerung zulässig: Kennt man die Transport-Technologie im Alten Reich, kann die bis zum Neuen Reich weiterentwickelte, aber im Prinzip gleiche Technik daraus abgeleitet werden.

Mein Ansatz lautet: Schwere Objekte wurden nicht *auf einem Schiff* transportiert, sondern im Wasser hängend *zwischen zwei zu einem Doppelschiff verbundenen Schiffen*. Dass die Obelisken, die Säulen und der Sarkophag *auf einem Schiff* zu sehen sind, steht dazu nicht im Widerspruch. Wie sollte das Schiff mit königlicher Fracht anders gezeigt werden? Ein leeres Schiff hätte auf die Betrachter nicht überzeugend gewirkt.

Das Archimedische Prinzip besagt, dass ein Stein im Wasser so viel Gewicht verliert, wie das Wasser wiegt, das er verdrängt. Ein 40 Tonnen schwerer Stein aus Rosengranit mit der Dichte $\sigma = 2{,}68$ g/cm^3 wiegt im Wasser demnach $(2{,}68 - 1{,}0) \times 40 / 2{,}68 = 25{,}1$ t. Davon trägt jedes Teil-Schiff des Doppelschiffs die Hälfte. Somit trägt jedes der beiden Schiffe rund 30% vom Steingewicht auf dem Land[40].

Wird angenommen, dass die Doppelschiff-Technologie existierte, ist davon auszugehen, dass sich zwischen den zum Doppelschiff verbundenen Teil-Schiffen in Längsrichtung ein Tragbalken befand, der aus einer Lage Balken bestand (Bild 14). Beim unbeladenen Doppelschiff, stützte sich der Tragbalken auf beiden Teil-Schiffen ab. War das Schiff beladen, übertrugen lange Querbalken, die man unter dem Tragbalken hindurch gesteckt hat, die Kräfte auf beide Teil-Schiffe. Unter der Fracht, im Bild eine Säule auf einem Zugschlitten, hat man kurze Querbalken hindurch gesteckt. Seile umgreifen die kurzen Querbalken und sind oben über den Tragbalken geführt.

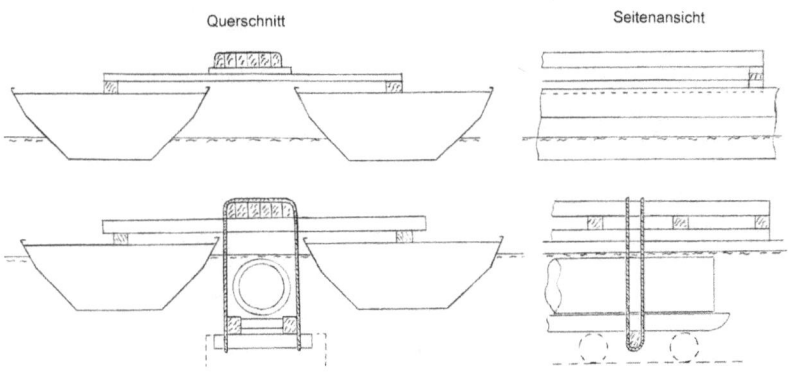

Bild 14 Das Prinzip des ägyptischen Doppelschiffs

Weil es größte Mühe bereitete, einen schweren Stein anzuheben, wäre es beim Beladen eines Schiffes günstig, wenn es ein Verfahren gäbe, bei dem der Stein überhaupt nicht angehoben zu werden braucht und dennoch an seinen Platz in der Schiffsachse gelangt. In der Tat gibt es ein derartiges Verfahren beim Doppelschiff, aber auch beim Einzelschiff (Bild 15). Im rechten Bildteil ist der Ladevorgang beim Doppelschiff und im linken Bildteil zum Vergleich beim Einzelschiff dargestellt.

Sehen wir uns zunächst das Beladen des Doppelschiffs an:
- Eine Zugbahn wird bis in ein trocken gelegtes Hafenbecken gebaut. Die Zugbahn ist niedriger als der Wasserspiegel.
- Der auf einem Zugschlitten liegende Stein wird auf Rollen in das Hafenbecken gezogen. Wenn das Hafenbecken geflutet ist, befindet sich seine obere Seite unter dem Wasserspiegel.

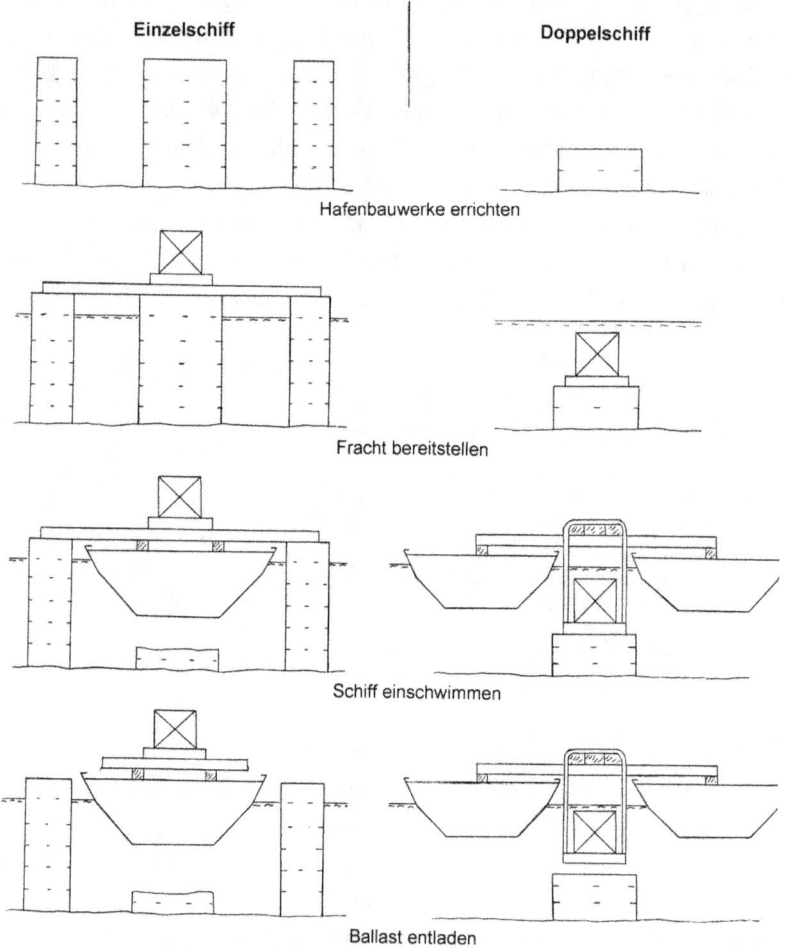

Bild 15 Das Beladen des Doppelschiffs und des Einzelschiffs

- Das Doppelschiff wird mit Ballast tief abgesenkt – tiefer als sein späterer Tiefgang ausmacht – und über den Stein gezogen.
- Unter dem Tragbalken hindurch werden langen Querbalken gesteckt und unter dem Zugschlitten hindurch kurze Querbalken.
- Seile werden über den Tragbalken gelegt und die kurzen Querbalken – ohne Kraft aufzuwenden – in Schlaufen eingehängt.
- Wenn der Ballast entfernt wird, schwimmt das Doppelschiff auf, übernimmt die Last und ist zur Abfahrt bereit.

Im linken Bildteil ist gezeigt, dass der Tragfähigkeit eines Einzelschiffs enge Grenzen gesetzt sind. Neben der Zugbahn müssen im Hafenbecken zwei Mauern gebaut werden, die parallel zur Zugbahn verlaufen. Unter dem Zugschlitten hindurch werden lange Balken gesteckt, die auf den Mauern aufliegen. Danach wird die Zugbahn abgebrochen. Im gefluteten Hafenbecken wird das mit Ballast tief abgesenkte Schiff unter die Balken gezogen und dann entladen, so dass es aufschwimmt. Weil sich das Schiff beim Beladen unter den Balken befinden soll, muss es flach gebaut sein wie eine Schute, darf also keine hohen Steven und keine Aufbauten haben.

Der Vergleich zeigt, dass nur das hypothetisch angenommene Doppelschiff die geeignete altägyptische Transport-Technologie sein kann. Weil der Stein im Wasser hing, konnte das aus zwei Teil-Schiffen bestehende Doppelschiff weit mehr als doppelt schwere Last tragen und war dennoch leicht zu beladen. Die Teil-Schiffe konnten fast beliebig breit gebaut werden. Auch die der Tradition entsprechenden, weit ausladenden und hohen Steven zu bauen, war beim Doppelschiff kein Problem. Dieser Feststellung wird im Weiteren Bedeutung zukommen, denn auch die Sarkophag-Barke (Bild 12) hat weit ausladende Steven und das kennzeichnende Längenverhältnis ist

|Länge über beide Steven| : |Länge in der Wasserlinie| = 1,9 : 1,0

Der Aufwand für Hafenbauwerke war beim Doppelschiff gering. Es genügte sogar, die Fracht bei Niedrigwasser in den Monaten Januar bis Mai / Juni ans Ufer zu schaffen und auf die Nilflut zu warten. Ab Juli begann der Wasserspiegel infolge enormer Regenfälle in Ostafrika zu steigen und erreichte im September / Oktober eine *zusätzliche Höhe* von 6-8 Metern[41]. Man zog das Schiff über die Fracht und wartete den weiteren Anstieg des Wassers ab.

2.3 Das Unas-Schiff – bisher gedeutet als Einzelschiff

Vier Relief-Steine am Aufweg zur Unas-Pyramide in Sakkara zeigen Schiffe gleichen Typs, die mit Säulen beladen sind (Bild 13). Einige Merkmale sind für die weiteren Überlegungen von besonderem Interesse:

- Oberhalb der Säulen befinden sich in horizontaler Lage mehrere Balken, die miteinander verbunden sind.
- Neben den Säulen – vom Betrachter aus gesehen davor – befinden sich vertikale Streben.
- Beide Steven liegen extrem tief im Wasser. Die Länge des Schiffes, gemessen über beide Steven, beträgt nur das 1,25-fache seiner Länge in der Wasserlinie.
- Auf beiden Steven stehen Tafeln, wie sie von keinem anderen Bild eines Schiffes bekannt sind.

Der Ägyptologe George Goyon[42] hat das Schiff rekonstruiert (Bild 16). Für den Zweck dieser Untersuchung reicht es aus, auf ein wesentliches Merkmal des rekonstruierten Schiffes und seine Angaben zur Navigation des Schiffes einzugehen.

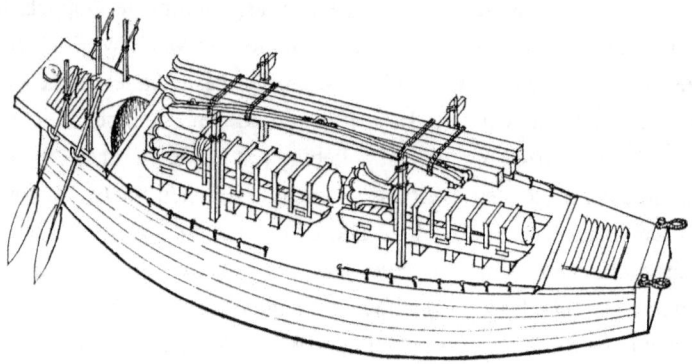

Bild 16 Goyon's Rekonstruktion des Unas-Schiffes (Goyon, 37)

In den horizontal liegenden Balken erkennt Goyon einen umgelegten dreibeinigen Mast, wie er auf großen Segelschiffen üblich war. Der Mast ist aus seiner Halterung auf dem Deck herausgenommen und auf einem Gestell über der Fracht abgelegt worden. Das scheint plausibel zu sein, denn der Wind weht im Süden über dem Niltal stets aus nördlichen Richtungen und auch in Sakkara aus Nord bis Nordwest[43]. Weil nicht gegen den Wind nach Norden gesegelt werden konnte, legte man den Mast auf Gabelböcken ab. Gleichwohl sind Zweifel an der Rekonstruktion angebracht, denn es muss gesehen werden, dass es die Aufgabe des Schiffes war, königliche Fracht zu tragen. Ein Mast wäre auf dieser Fahrt ein nutzloser und behindernder Schiffsteil. Auch die mit königlicher Fracht beladene Sarkophag-Barke hat keinen Mast. Sollte das Schiff nach Erfüllung des Auftrags zurück nach Elephantine gesegelt werden, könnte in Saqqara ein Mast an Bord genommen werden. Hinzu kommt, dass der so gedeutete Mast von der Bildfläche ein Viertel der Höhe einnimmt. Der Mast nimmt dieselbe Fläche ein wie die Säulen. Es stellt sich die Frage, ob von einem Künstler, der das Ereignis preist, anzunehmen ist, dass er einem nutzlosen Schiffsteil solch breiten Platz einräumt. Eher sollten die Balken ein Schiffsteil von großer Wichtigkeit sein und für den Transport der Säulen Bedeutung haben.

Die Tafeln auf den Steven deutet Goyon zusammen mit der Steinkugel am Heck im Sinne der *Herodotschen Schiffsteuerung*[44]. Herodot, der um 500 v. Chr. in Ägypten reiste, berichtet, dass die Ägypter, wenn sie nach Norden fuhren, eine Tafel aus Tamariskenholz an Seilen befestigten und vor dem Schiff ins Wasser brachten. Die Tafel wirkte ziehend auf das Schiff, weil der Nordwind das hoch aus dem Wasser ragende Schiff bremste, während die Tafel, vom Wind unbeeinflusst, mit der Strömung trieb (Bild 17).

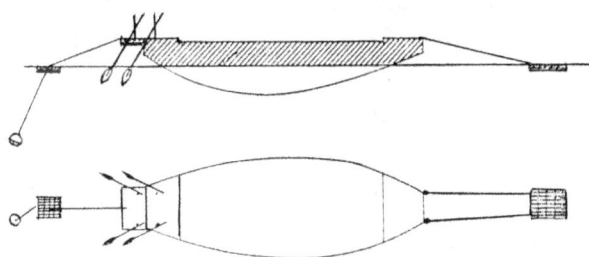

Bild 17
Goyon's Deutung der Tafeln auf den Steven
(Goyon, 37)

Eine Steinkugel im Gewicht von zwei Talenten, das sind 52 kg, wurde an einem Seil im Wasser nachgeschleppt. Der Stein wirkte bremsend wie ein Treibanker und verhinderte im Zusammenwirken mit der Tafel, dass sich das Schiff in der Strömung quer stellt.

Die Rekonstruktion mag auf den ersten Blick als zutreffend erscheinen, sie ist es aber nicht. Von einer Tafel hinter dem Schiff im Wasser sagt Herodot nichts. Dort hätte eine Tafel nicht nur keine Funktion, sie würde, von der Strömung getrieben, sogar ziehend auf den Stein wirken und wäre deshalb als Bestandteil der Steuerung kontraproduktiv. Zur Deutung der Tafeln ist auch anzumerken, dass zwischen den Massen von Schiff und Fracht einerseits und den Maßen von Tafel und Stein andererseits ein Missverhältnis besteht. Zwar für kleine Schiffe geeignet, wirkt die Steuerung umso weniger, je schwerer Schiff und Fracht sind. Von der Länge der Säulen ausgehend, hat Goyon die Länge des Schiffes zu 22-24 Metern und das Deplacement zu 140 Tonnen berechnet. Dem Einwand, dass die ‚Herodotsche Schiffsteuerung' bei einem Frachtschiff dieser Größe nicht ausreicht, soll die Expertise eines Instituts begegnen[45], doch sind dessen Methodik und Ergebnisse heftig kritisiert worden[46]. Es muss auch gesehen werden, dass eine vor dem Bug in der Strömung treibende Tafel bei Windstille und bei schwachem Wind keinen Beitrag zur Steuerung leistet, weil das Schiff dann nicht gebremst wird. Auch die Steuerruder am Heck wirken nur, wenn das Schiff schneller oder langsamer ist als das strömende Wasser. Ohne zusätzliche Maßnahmen konnte das Unas-Schiff nicht jederzeit zuverlässig navigiert werden.

Bei der Wertung der Rekonstruktion ist festzustellen, was schon beim Schiff der Königin Hatschepsut erkannt wurde: Versuche mit europäischen Augen ägyptische Schiffe entsprechend dem zu rekonstruieren, was zu sehen ist, führen zu keiner akzeptablen Lösung. Es müssen die Eigenheiten altägyptischer Darstellungskunst in die Überlegungen einbezogen werden. Unter Beachtung dieser Eigenheiten wird hier ein anderer Weg eingeschlagen, das Unas-Schiff zu rekonstruieren.

2.4 Das Unas-Schiff – rekonstruiert als Doppelschiff

Bei der Rekonstruktion ist zu bedenken, dass perspektivische Darstellungen im alten Ägypten unbekannt waren. Gegenstände, die sich vor dem Betrachter in den Raum erstrecken, sind *in der Bildebene* in realen Maß-Verhältnissen dargestellt. Flach liegende Objekte, beispielsweise eine Tischplatte oder auch ein Teich, sind mit ihren Umrissen in der Bildebene dargestellt.

Eine Schale auf dem Tisch und Fische im Teich sind wie in einer Draufsicht zu sehen. Wollte der Künstler die nicht sichtbaren Seiten einer eckigen Säule zeigen, klappte er die Seiten in die Bildebene. Gegenstände und Teile von Gegenständen konnten also gedreht, geklappt und verschoben dargestellt werden. Der Betrachter erhält dadurch alle Informationen und wird in die Lage versetzt, einen Sachverhalt zu erkennen. Für diese Darstellungsweise ist der Begriff *Aspektive* in die Ägyptologie eingeführt worden[47], und diese Eigenheit bedenkend, kann das Unas-Schiff rekonstruiert werden.

Wird das Heck der vorausfahrenden Barke nach hinten gestellt, zeigt die Umzeichnung ein vollständiges Schiff (Abb. 18).

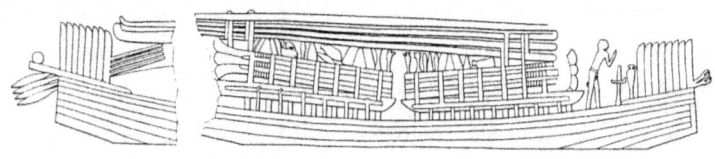

Bild 18 Das vollständige Unas-Schiff

Um das Doppelschiff sichtbar zu machen, werden zunächst alle Teile des Schiffes und der Fracht voneinander gelöst. Sodann werden die Teile von oben nach unten in geänderter Folge geordnet (Bild 19).

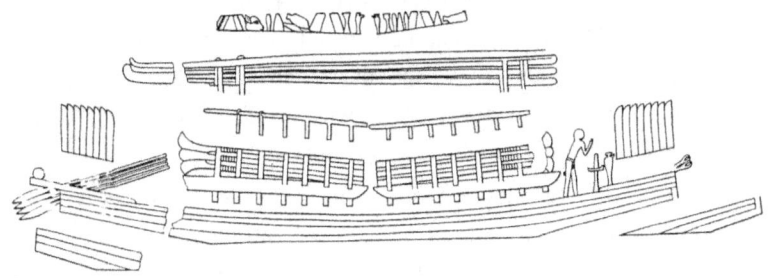

Bild 19 Alle Teile des Schiffes und der Fracht sind gelöst

Es wird sich zeigen, dass das vom Künstler geschaffene Bild wie ein Puzzle neu zusammengefügt werden muss. Aber zuvor werden alle Teile benannt, die in ihrer Gesamtheit die Doppelschiff-Technologie ausmachen:

- Die Balken oberhalb der Fracht sind als Ganzes der Tragbalken, an dem die Zugschlitten mit den Säulen hängen. Weil das Doppelschiff nur beim Transport von sehr schweren Steinen zum Einsatz kam – also selten und wenn, dann in königlichem Auftrag – und weil der Tragbalken ein kennzeichnendes Merkmal war, darum hat ihn der Künstler sehr stark betont. Eigentlich lagen die Balken nebeneinander, doch hier sind sie in die Bildebene geklappt. Die ungleichmäßige Breite des Tragbalkens ergibt sich aus der Lagerung der Säulen. Bei der vorderen Säule befindet sich das Ende des Tragbalkens hinter dem Kapitell und konnte deshalb breit dargestellt werden. Über der hinteren Säule engt dagegen das Kapitell den Platz ein. Auf einer anderen Barke hat der Künstler die vordere Säule mit dem Kapitell zur Schiffsmitte gelagert und konnte den Tragbalken zum einen über seine Länge gleich breit darstellen und zum anderen nach vorn über die Säule schieben.
- Die einzelnen Balken des Tragbalkens sind miteinander verbunden und stützen sich über lange Querbalken auf den Teil-Schiffen ab. Die Verbindungsteile und Stützglieder sind nahe den Enden der Balken zu sehen.
- Die Zugschlitten liegen auf kurzen Querbalken. Die Querbalken sind, von der Seite gesehen, als Blöcke unter den Zugschlitten zu erkennen.
- An den kurzen Querbalken sind keine Streben befestigt, die im – nicht vorhandenen – Seegang den Säulen Halt geben, sondern Seile, die nach oben führen. Der Künstler hat die Seile nur neben den Säulen dargestellt, nicht aber neben dem Tragbalken, um die aus dem Süden mitgebrachten Gaben zeigen zu können. Außerdem wird der Tragbalken nicht durch die Seile unterteilt und dadurch seine Wichtigkeit betont.
- Nun wollte der Künstler dennoch zeigen, wie Schlitten und Säulen am Tragbalken befestigt sind. Er hat das auf raffinierte Weise getan. Die Aufhängungen sind im Relief dort zu sehen, wo sie in Wirklichkeit waren: dicht über dem Deck. Was leicht als eine niedrige Reling missdeutet werden kann, ist der – vom Betrachter aus gesehen – vorderste Balken des flach liegenden Tragbalkens. Einige Seile umgreifen den Tragbalken sogar. Deutlicher kann man *das Hängen* nicht ausdrücken.

- Die Tafeln auf beiden Steven sind senkrecht gegliedert. Sie bestehen, wie die halbrunden Spitzen andeuten, aus einzelnen Bohlen. Diese Bohlen lagen in der Realität *in der Decksebene* nebeneinander und verbanden die Schiffe zu einer Einheit. Die Bohlen waren erforderlich für die Stabilität des Doppelschiffs. Beide Vordersteven und beide Achtersteven mussten mit Bohlen verbunden sein, damit die Teil-Schiffe des Doppelschiffs weder vorn noch achtern auseinanderdriften konnten. Weil die Bohlen für das Doppelschiff wichtig und kennzeichnend waren, darum hat der Künstler sie in die Bildebene geklappt.
- Die Steven sind nur scheinbar tief auf das Wasser herabgezogen. Der Künstler wusste, dass es nicht ausreicht, beide Schiffe nur in der Decksebene zu verbinden. Wären die Teil-Schiffe nur in der Decksebene verbunden, könnte sich das Doppelschiff diagonal verwinden. Um dem Doppelschiff räumliche Stabilität zu geben, mussten die Teil-Schiffe auch in der zur Decksebene senkrechten Ebene verbunden werden. Die unteren drei Planken der Bordwand waren in der Realität jene Planken, die die Steven vom Wasserspiegel bis zum Deck verbanden. Man denke sich die Planken aus der Bildebene heraus nach hinten geklappt.

Wie die am äußersten Rand der Steven stehenden Bohlen zeigen, waren beide Steven in der Decksebene von den Spitzen des Bugs und des Hecks an verbunden. Die Steven waren also rundum starr verbunden. Ein Beobachter am Ufer sah von vorn und von hinten *nicht zwei Schiffe, sondern ein sehr breites Schiff.* Dies ist der Grund dafür, dass der Künstler das Doppelschiff nicht als zwei etwas gegeneinander versetzte Schiffe dargestellt hat. Die Richtigkeit der Rekonstruktion wird dadurch bestätigt, dass das Unas-Schiff ohne die drei Planken an der Bordwand die traditionelle Form hat. Bei einer Schiffslänge von 23 Metern beträgt die Länge in der Wasserlinie 12 Meter. Das Verhältnis der Längen ist 1,9 : 1,0 wie bei der Sarkophag-Barke.

Für das Vorankommen des Doppelschiffs sorgte allein die Strömung. Weil Schiff und Strömung, trotz eines kleinen Treibankers aus Stein, etwa dieselbe Geschwindigkeit hatten, waren die Steuerruder am Heck nahezu wirkungslos. Ein Doppelschiff für sich allein konnte nicht zuverlässig navigiert werden. Die Navigation musste deshalb *von außen* durchgeführt werden. Zu diesem

Zweck fuhren *geruderte Steuerschiffe* voraus, die mit dem Frachtschiff durch Seile verbunden waren. Kursabweichungen konnten von den Mannschaften der Steuerschiffe durch Rudern quer zum Strom korrigiert werden. Damit erweisen sich die beiden groß dargestellten Seil-Ösen am Bug als die schiffseitige Komponente der Navigation.

Um die weiteren Schritte der Rekonstruktion anschaulich zu machen, habe ich den Tragbalken zweifach dargestellt und zwar einerseits dem Schiff und andererseits der Fracht zugeordnet (Bild 20).

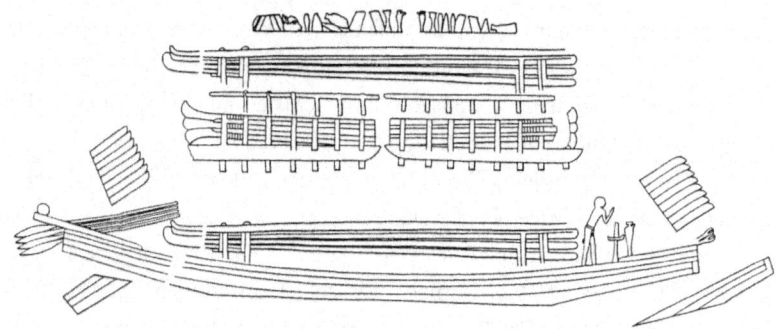

Bild 20 Schiff und Fracht sind neu zusammengefügt

Bei der neuen Anordnung der Teile kann das Problem des Künstlers mit dem Tragbalken gelöst werden: Der Tragbalken ist nach vorn an seinen ‚richtigen' Platz über dem Kapitell gerückt. Jetzt hat auch ein kurzer Querbalken unter dem vorderen Kapitell seine Aufhängung am Tragbalken. Erstaunlich ist, wie *genau alle Teile zusammenpassen*. Sogar die Lage der Verbindungsteile und Stützglieder unter dem Tragbalken stimmt überein mit der Anordnung der Seile und Aufhängungen. Die Planken und Bohlen, mit denen die Steven rundum verbunden sind, habe ich schräg dargestellt. Es ist dies der Versuch, die aspektivische Darstellung in Perspektive umzusetzen.

Der nächste Rekonstruktionsschritt ergibt sich auf Grund folgender Überlegung: Sieht man in der Realität von der Seite gegen den flach liegenden Tragbalken, dann sieht man vor dem vordersten Balken die in das Wasser hängenden Seile. Der Balken mit den Aufhängungen und Seilen ist also der vorderste Balken. Ebenfalls der vorderste Balken ist der oberste Balken des mit vier Balken dargestellten Tragbalkens, wenn man sich den Tragbalken nach vorn aus der Bildebene herausgeklappt denkt. Im Bild des Künstlers sieht man gewissermaßen von unten gegen den Tragbalken. Der Künstler hat den *vordersten Balken zweimal* dargestellt, zum einen mit den Aufhängungen dicht über dem Deck und zum anderen als Teil des vierteiligen Tragbalkens.

Im nächsten Schritt werden die beiden als identisch erkannten vordersten Balken frachtseitig aufeinander projiziert (Bild 21); alle Teile passen genau zusammen.

Der Künstler wollte dem Betrachter die Konstruktion des Doppelschiffs vor Augen führen. Nachdem wir seine Darstellung verstanden haben, können alle Balken des Tragbalkens am Schiff bis auf den vordersten Balken entfernt werden. Auf diese Weise gewinnen wir einen Eindruck vom unbeladenen Doppelschiff (vgl. hiermit die Seitenansicht im Bild 14).

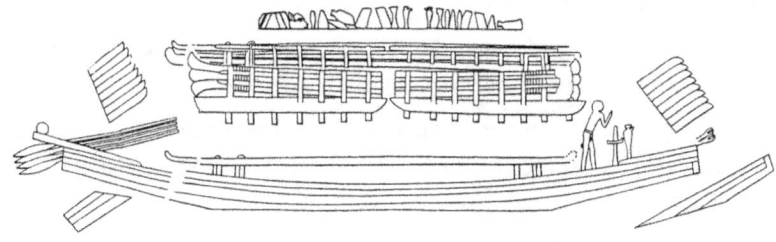

Bild 21   Die Tragbalken sind aufeinander projiziert, und die Fracht ist angefügt

Jetzt ist noch der letzte Rekonstruktionsschritt zu vollziehen und die Fracht ins Wasser abzusenken (Bild 22). Die Zugschlitten mit den Granitsäulen hängen unter der Wasseroberfläche zwischen den beiden Teil-Schiffen. Die Planken und Bohlen, die beide Teil-Schiffe zum Doppelschiff verbinden, sind, so gut es geht, perspektivisch in der zur Bildebene senkrechten Ebene dargestellt. Jetzt wird verständlich, warum der Künstler die Tafeln auf den Steven in Lamellen gegliedert und die Lamellen mit halbrunden Spitzen versehen hat: Er hat für den Betrachter sichtbar gemacht, dass es sich nicht um starre Tafeln, sondern um einzelne Bohlen handelt.

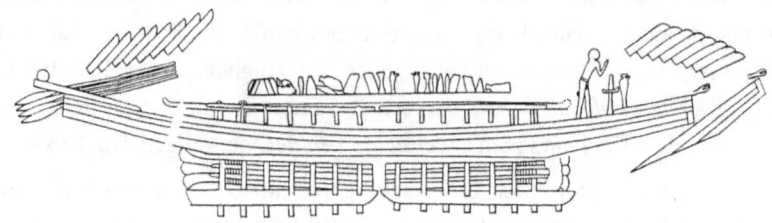

Bild 22 Das Unas-Doppelschiff mit der ins Wasser abgesenkten Fracht

Zusammenfassend ist festzustellen, dass der Künstler alle systemtechnisch erforderlichen Komponenten der Transport-Technologie mit Doppelschiffen perfekt dokumentiert hat:

- Die Schiffskonstruktion wird dem Betrachter durch den Tragbalken, die Bohlen auf den Steven und durch die überzähligen Planken an der Bordwand verständlich.
- Das Beladen wird durch die Aufhängungen, die Seile und durch die kurzen Querbalken unter den Zugschlitten erklärt.
- Das Navigieren in der Strömung mit vorausfahrenden Steuerschiffen machen die Seil-Ösen am Bug sinnfällig. Die Steuerruder und der Treibanker am Heck wirken unterstützend.

Der Künstler, der das Werk vor 4300 Jahren schuf, hat mit bewundernswerter Kreativität und Präzision gearbeitet. Er hat Technik-Geschichte geschrieben.

2.5 Das Obeliskenschiff war ein doppeltes Doppelschiff

Wie groß die Tragfähigkeit eines Doppelschiffs war, lässt sich nicht sagen. Es ist aber auch nicht erheblich, ob der Grenzwert der Tragfähigkeit bei 50 Tonnen lag oder darüber. Um nicht bis an die Grenze der Belastbarkeit gehen zu müssen, entwickelten die Schiffbauer die Schiffe weiter zu *doppelten Doppelschiffen*. Anstelle von Einzelschiffen als Teil-Schiffe wurden Doppelschiffe als Teil-Schiffe nebeneinander gestellt und miteinander verbunden. Doppelte Doppelschiffe bestanden aus vier gleichartigen Schiffskörpern. Die Prinzip-Skizze (Bild 23) zeigt, wie vier Teil-Schiffe einen extrem schweren Stein im Wasser hängend tragen.

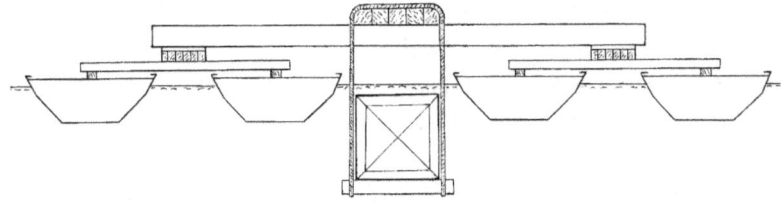

Bild 23 Prinzip-Skizze des beladenen doppelten Doppelschiffs

Die Fracht hing an einem Tragbalken zwischen beiden Doppelschiffen. Mit sehr langen Querbalken, die über die beiden Schiffskörper neben dem Stein hinwegreichten, wurde sein Gewicht auf die Tragbalken der beiden Doppelschiffe verteilt. Für die weitere Übertragung des Gewichtes auf die Teil-Schiffe der Doppelschiffe gilt das schon Gesagte.

Mit guten Gründen darf angenommen werden, dass doppelte Doppelschiffe schon im Alten Reich zum Einsatz kamen. Uni, ein Gouverneur der Südgebiete zur Zeit der 6. Dynastie, berichtet[48], er habe, um einen sehr schweren Opfergabentisch für König Merenre zu transportieren, ein Schiff von 60 Ellen Länge (31 m) und 30 Ellen Breite (15,5 m) bauen lassen. Bei dieser Breite war das Schiff ohne Zweifel als doppeltes Doppelschiff konstruiert, und jeder Schiffskörper war in der Wasserlinie etwa 3 Meter breit. Die restliche Breite ist den drei Tragbalken zuzuordnen. Überrascht hat immer wieder die von Uni mitgeteilte kurze Bauzeit von nur 17 Tagen. Nachdem aber die modulare Bauweise von Schiffen für den Transport schwerster Steinlasten erkannt worden ist, erscheint die Leistung in neuem Licht: An mehreren Teil-Schiffen wurde gleichzeitig gearbeitet.

Die Frage ist nun, ob mit doppelten Doppelschiffen auch Obelisken transportiert werden konnten. Konnten vier Teil-Schiffe, die in der Wasserlinie 30 Meter lang und 4.0 Meter breit waren und einen Tiefgang von 1,0 Meter hatten, ausreichend Wasser verdrängen, um einen Hatschepsut-Obelisk zu tragen? Wie schon gesagt, hat der Oberbeamte Ineni die Breite des Obeliskenschiffs, das er für Thutmosis I. bauen ließ, zu 21 Metern angegeben. War das Schiff als doppeltes Doppelschiff konstruiert, setzt sich Breite so zusammen:

4 Teil-Schiffe in der Decksebene   4 × 4,2 m = 16,8 m }
2 Abstände zwischen den Teil-Schiffen 2 × 1,0 m = 2,0 m }
1 Abstand zwischen den Doppelschiffen   2,2 m } → 21,0 m

Eine Überschlagrechnung im Anhang 2 weist nach, dass die Tragfähigkeit ausreicht. Der auf dem Land 323 t schwere Obelisk (σ rd. 2,7 g/cm^3) wiegt im Wasser 1,7 × 323 / 2,7 = 204 t. Mit dem zu 159 t abgeschätzten Gewicht des Schiffes beträgt das Deplacement 363 t. Die Wasserverdrängung ist zu 384 t ermittelt worden und ist größer als benötigt.

Um Obelisken transportieren zu können, mussten die Ingenieure allerdings die tragende Konstruktion ändern, denn die aus dem mittleren Tragbalken und den langen Querbalken bestehende Konstruktion stieß wegen der großen Längen und großen Kräfte an ihre Grenzen. Beim 21 Meter breiten doppelten Doppelschiff müssten die Balken 12 Meter lang sein, und die Last wirkt an der ungünstigsten Stelle auf die Balken: in der Mitte. Zur Aufnahme des Obelisk-Gewichtes und zur Übertragung der Kräfte auf die Doppelschiffe wurden deshalb dreieckförmige Tragwerke in der Längsrichtung des Schiffes aufgestellt. Die Tragwerke bestanden im Prinzip aus zwei Balken und einem Seil; der mittlere Tragbalken entfiel (Bild 24).

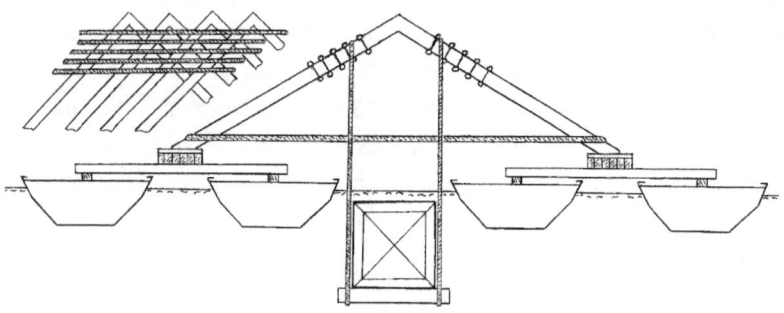

Bild 24 Das doppelte Doppelschiff mit Tragwerken

Die Balken der Tragwerke stützten sich auf den Tragbalken der Doppelschiffe ab, standen schräg und wurden in der Längsachse des doppelten Doppelschiffs zusammengefügt. Ein Zugseil verband die unteren Enden der Schrägbalken zu einem einfachen statischen System.

Die Kraft, die beim Transport des Hatschepsut-Obelisken auf die Tragwerke einwirkte, betrug je Meter Schaft im Mittel 204 / 27 = 7,6 t. Die 9 Meter langen Balken wurden nur wenig auf Biegung beansprucht, aber stark auf Druck, und Balken können Druck gut widerstehen. Jedes Tragwerk allein befand sich in labilem Gleichgewicht und konnte kippen. Stabiles Gleichgewicht ließ sich herstellen, indem man die Tragwerke miteinander verband. Über den oberen Bereich der Schrägbalken wurden Seile gespannt und am Bug und Heck des doppelten Doppelschiffs befestigt.

Beladen wurde das doppelte Doppelschiff wie im Bild 15 für das Doppelschiff gezeigt. Man senkte die vier Schiffskörper mit Ballast-Steinen tief ab und zog das Schiff über den Obelisk, der bei Nil-Niedrigwasser herbeigeschafft worden war. *Ohne jeden Kraftaufwand* wurde der Obelisk an den Schrägbalken der Tragwerke befestigt. Danach entfernte man den Ballast, und das Schiff schwamm auf. Auch ein Beladen ohne Absenken war möglich, wenn das doppelte Doppelschiff über den Obelisk gezogen wurde, sobald der Stein unter der Wasseroberfläche lag. Mit steigendem Nil-Spiegel schwamm das Schiff auf. Am Ziel war es nicht erforderlich, die Schiffskörper abzusenken, wenn das Schiff über eine Schrägrampe im Nil gezogen und der Obelisk auf der zum Ufer hin ansteigenden Rampe abgesetzt wurde.

Um die Doppelschiff-Technologie sicher anwenden zu können, mussten die Ingenieure Versuche und Rechnungen durchführen. Man wird deshalb nicht fehlgehen in der Annahme, dass sie *das Prinzip des Auftriebs* kannten – lange bevor es von Archimedes (ca. 285–212 v. Chr.) formuliert wurde.

Nachdem es möglich war, eine Verbindungslinie zwischen dem zunächst hypothetisch angenommenen Doppelschiff und dem Unas-Schiff herzustellen und das Unas-Schiff als Doppelschiff zu rekonstruieren, ist anzunehmen, dass auch zwischen dem doppelten Doppelschiff und dem Obeliskenschiff der Königin Hatschepsut eine Verbindung hergestellt werden kann.

Betrachtet man das Bild im Tempel von Deir el-Bahari (Bild 8) genau, findet man Hinweise darauf, dass der Künstler bei der Ankunft der Obelisken in Karnak nicht anwesend war, sondern Berichte von Zuschauern anschaulich gemacht hat. die Berichte kombinierte er in seinem Bild mit einer – schon zu seiner Zeit alten – Bildvorlage nach Art des Unas-Schiffes (Detail Bild 25).

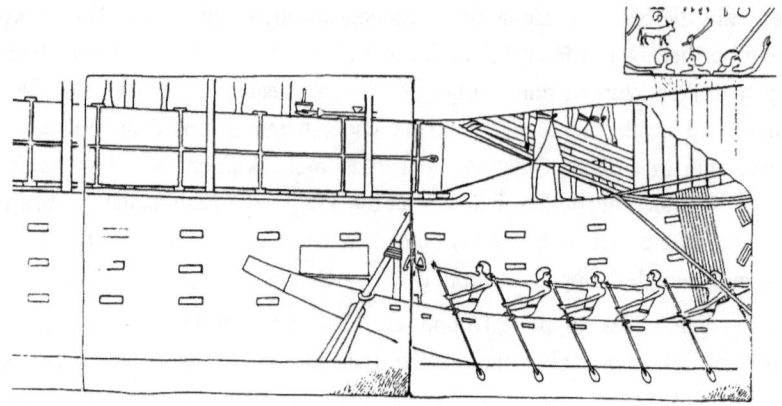

Bild 25 Der vordere Bereich des Hatschepsut-Schiffes

Zunächst kann als zutreffend gelten, dass die Zuschauer nicht zwei Obelisken nebeneinander sahen, denn in diesem Fall hätte der Künstler aspektivisch zwei Obelisken etwas gegeneinander versetzt dargestellt. Die Zuschauer sahen *zwei Obelisken auf einem sehr langen Schiff* hintereinander liegen. Genauer und richtig gesagt: die Zuschauer hatten diesen Eindruck. Sie sahen, was sie sehen sollten. Es wäre technisch kaum möglich gewesen, Schiffe von mehr als zweifacher Obelisk-Länge zu bauen, und es war auch unnötig. Um den Eindruck von zwei Obelisken auf einem Schiff zu erzeugen, genügte es, *zwei doppelte Doppelschiffe eng gekoppelt im Verband* fahren zu lassen und den Abstand zwischen ihnen mit Tüchern zu überdecken.

Sahen die Zuschauer tatsächlich Obelisken auf dem Deck liegen? Ja und nein. Wiederum sahen sie, was sie sehen sollten. Die Obelisken hingen nicht sichtbar im Wasser, und auf dem Deck befanden sich leichte Nachbildungen der Obelisken, mit denen ihre Ankunft gezeigt wurde.

Die Zuschauer am Ufer sahen *ein unglaublich breites* Schiff, denn wie beim Doppelschiff beide Vorder- und Achtersteven mit Bohlen umgeben waren, so waren beim doppelten Doppelschiff die vier Steven vorn und achtern rundum verbunden. Ein sehr breites Schiff darzustellen, war aber für den Künstler ein Problem. Er hat das Problem gelöst und die Breite sichtbar gemacht, indem er die Decksebene in die Bildebene klappte und das Schiff *in der Bildebene unglaublich breit,* also sehr hoch dargestellt hat.

Die drei Reihen Rechtecke an der Bordwand markieren kein aussteifendes Rahmenwerk, sondern deuten *symbolhaft Ruderbänke* an, die Ruderbänke von drei Schiffen. Solche Ruderbänke hat auch das kleine Schiff im Vordergrund. Die drei Reihen Ruderbänke stehen für die Aussage des Künstlers: Betrachter, stell dir neben einem normal breiten Schiff noch weitere drei Schiffe vor. Demnach meint die Gliederung der Bordwand in vier gleich breite Streifen: das Obeliskenschiff – *so breit wie vier Schiffe.*

Die am Bug und Heck schräg nach oben geführten Seile verliefen über den vertikalen Streben horizontal, wie von den Rekonstrukteuren bisher schon angenommen wurde, aber nicht in einer Ebene parallel zum Deck, sondern schräg zum Deck entsprechend der Neigung der Balken im Tragwerk. Die Seile dienten nicht dazu, den Schiffsrumpf unter Spannung zu halten, sondern die Tragwerke, an denen der Obelisk hing, gegen Kippen zu sichern. Die Streben unter den – heute nicht mehr vorhandenen – horizontal geführten Seilen sind die Schrägbalken der Tragwerke. Die Zuschauer sahen die Balken und die Seile und konnten dem Künstler davon berichten (Bild 26).

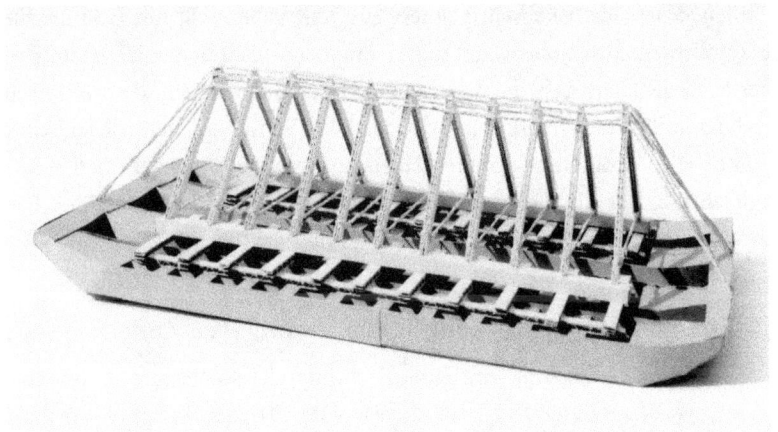

Bild 26 Modell des Obeliskenschiffes (A. W.)

Die Zugschlitten unter den Obelisken und die Bandagen um die Obelisken hat der Künstler vom Säulen tragenden Unas-Schiff übernommen, denn beim Obelisken-Transport kamen Zugschlitten nicht zum Einsatz und Bandagen waren unnötig. Es hat den Anschein, als habe er Zugschlitten und Bandagen übernommen, um keinen Fehler durch Weglassen zu begehen.

Der Zweck der ‚Tafeln' auf den Steven des Unas-Schiffs war dem Künstler unbekannt, weil er die Doppelschiff-Technologie nicht kannte. Er übernahm aber die vordere Tafel und machte daraus einen Windschutz für die Schiffsführung, wie die Personen dahinter erkennen lassen. Auch die Ösen an den Obelisken zum Anheben beim Beladen des Schiffes weisen darauf hin, dass er gearbeitet hat, ohne die Doppelschiff-Technologie hinter den Berichten zu erkennen. Das soll aber kein Vorwurf sein; der Künstler hat seinen Auftrag nach besten Kräften erfüllt.

Leicht zu beantworten ist jetzt die Frage, welche Aufgabe die 30 Schiffe hatten, die vor dem Obeliskenschiff fahrend, in Karnak eintrafen. Die Pharaonin Hatschepsut war, wie andere Herrscher auch, machtbewusst und präsentierte ihren Gästen eine Flottenparade. Sie schickte die Staatsflotte dem Schiff nach Süden entgegen, und das Obeliskenschiff wurde, von der Flotte eskortiert, nach Karnak geleitet.

Wie lange das Obeliskenschiff unterwegs war, kann nicht mit Bestimmtheit gesagt werden. Üblich ist es, je Tag 13 Stunden Reisezeit anzunehmen. Es ist aber auch denkbar, dass die Verwaltungen der Gaue entlang dem Nil nachts die Ufer mit Feuern markierten, so dass das Schiff ununterbrochen fahren konnte. Die Strömung wird bei Hochwasser zu 1,75 m/sec = 6,3 km/h angegeben[49]. Bei Abfahrt in Elephantine am Morgen und bei ständiger Fahrt mit v = 5 km/h war Karnak am Morgen des fünften Tages erreicht.

2.6 Die Doppelschiff-Technologie in jüngerer Zeit

Die Transport-Technologie mit Doppelschiffen war so ausgereift, dass unter Thutmosis III., König nach Hatschepsut, 500 Tonnen schwere Obelisken nach Karnak gebracht werden konnten. Ein doppeltes Doppelschiff allein hatte allerdings für solch schwere Fracht keine ausreichende Tragfähigkeit. Die Zahl der Schiffskörper musste noch einmal verdoppelt werden. *Zwei doppelte Doppelschiffe als Teil-Schiffe* – insgesamt acht Schiffskörper – verdrängten so viel Wasser, dass der Transport sicher durchgeführt werden konnte. Der Bau von *Achter-Schiffen* ist mehrfach in Inschriften belegt[50].

Auch die beiden so genannten Memnonskolosse in Theben-West, Statuen des Pharaos Amenophis III. (1388−1351 v. Chr.) wurden mit Achter-Schiffen befördert, wie überliefert ist. Mit einem gewissen Erschrecken nimmt man das Gewicht der Quarzit-Monolithe zur Kenntnis: 720 Tonnen, das zweifache Gewicht eines sehr großen Obelisken, verteilt auf nur 12 Meter Höhe. − Das Schiff ist bisher nicht rekonstruiert worden.

Schriftlich überliefert ist auch, dass Doppelschiffe noch nach 300 v. Chr. zum Einsatz kamen. Plinius d. Ä. (23−79 n. Chr.), römischer Gelehrter und Historiker, berichtet[51], dass Ptolemaios II. Philadelphos (reg. 285−246 v. Chr.) einen Obelisk in Alexandria aufstellen ließ. Er schreibt, dass nach Mitteilung seines Informanten Kallixeinos der für das Vorhaben verantwortliche Phoinix beim Transport auf folgende Weise vorging:

„Dieser habe vom Nil einen Graben bis zu dem liegenden Obelisk gezogen; sodann seien zwei sehr breit gebaute Schiffe mit Stücken von je einem Fuß Größe aus demselben Stein belastet worden, bis die doppelte Menge das zweifache Gewicht ausmachte, damit sie sich unter den mit seinen Enden auf beiden Seiten des Ufers liegenden Obelisk schieben konnten; nachher seien die Steine entfernt worden, die Schiffe hätten sich gehoben und die Last aufgenommen …"

Plinius und sein Informant kannten Sinn und Zweck der Doppelschiff-Technologie nicht, denn der Bericht ist zwar im Prinzip richtig, aber im Detail fehlerhaft. So gäbe es ein unkalkulierbar großes Bruch-Risiko, wollte man einen Obelisk an seinen Enden auflagern. Wäre Plinius das tatsächliche Vorgehen bekannt gewesen, hätte er in seinem Bericht nur wenige Worte zu ändern brauchen, und hinfort hätte Klarheit bestanden über die Technologie zum Transport der Obelisken auf dem Nil.

Noch um die Zeitenwende und auch im 4. Jahrhundert n. Chr. wurden Obelisken mit Doppelschiffen nach Alexandria geschafft. Die Mehrzahl dieser Obelisken reiste weiter über das Mittelmeer nach Rom. Im Abschnitt 4 wird erörtert, ob die Römer die Doppelschiff-Technologie auf dem Nil studierten und die ägyptische Methode auf den Transport der Obelisken über die offene See anwendeten.

3. Aufrichten in den Tempeln

3.1 Wurden die Obelisken in die Vertikale gedreht?

Den noch heute in Ägypten stehenden vier Obelisken sieht man nicht an, wie sie aufgerichtet wurden. Texte und bildliche Darstellungen, aus denen auf die Methode geschlossen werden kann, sind nicht überliefert. Bekannt ist aber, wie Ingenieure in der Neuzeit, vor derselben Aufgabe stehend, die Probleme meisterten. Betrachtet man die in Europa und Amerika im 16. und 19. Jh. angewendeten Verfahren, kann im günstigen Fall ein Grundmuster erkennbar werden, das sich mit der im alten Ägypten verfügbaren Technik in Übereinstimmung bringen lässt.

1585 gewann der Architekt und Ingenieur Domenico Fontana den von Papst Sixtus V. ausgelobten Wettbewerb zur Umsetzung des Obelisken vom Circus Vaticanus in Rom auf den Petersplatz und erhielt den Auftrag. Im darauf folgenden Jahr wurde das Vorhaben ausgeführt. Fontana ließ aus Balken zwei nebeneinander stehende, hohe Gerüste bauen, die in den oberen Balkenlagen verbunden waren (Bild 34, S. 56). Zwischen beiden Gerüsten hob man das schlanke Ende des Obelisken mit Seilen an, wobei die Seilkräfte verteilt um den oberen Drittelpunkt des Schaftes wirkten. Gleichzeitig zog man das auf einem Gestell gelagerte untere Ende unter den Schwerpunkt des Obelisken. Der Schwerpunkt bewegte sich auf einer Kurve im Raum, als der Obelisk angehoben und in die Vertikale gedreht wurde.

1834 richtete M. A. Lebas den vom Tempel in Luxor nach Paris gebrachten Obelisk auf, indem er ihn um eine Basiskante drehte, jedoch ohne die Kante direkt auf dem Sockel aufzusetzen[52]. Die aufrichtende Kraft wurde über Hebebäume nach Art eines Derricks auf den Obelisk übertragen (Bild 27). Zuvor hatte Lebas in Luxor auf dem Sockel eine Nut festgestellt, eine Einkerbung, die parallel zu einer Kante verläuft und vermutet, dass die Nut von den Ägyptern als Gelenk genutzt worden war.

Das Verfahren, das J. Dixon 1878 beim Aufrichten des von Alexandria nach London geschafften Obelisken anwendete (Bild 28), diente H. H. Gorringe

1881 beim Aufrichten des von dort nach New York gebrachten Obelisken als Vorbild. Der Obelisk wurde in horizontaler Lage mit hydraulischen Pumpen bis in die Höhe gehoben, in der sich nach dem Aufrichten sein Schwerpunkt befindet und dann um den Schwerpunkt gedreht.

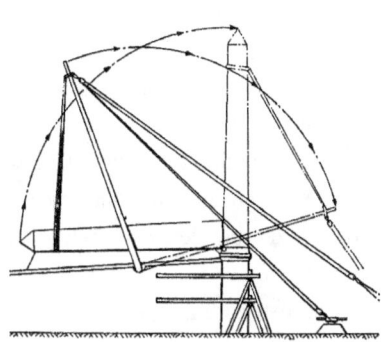
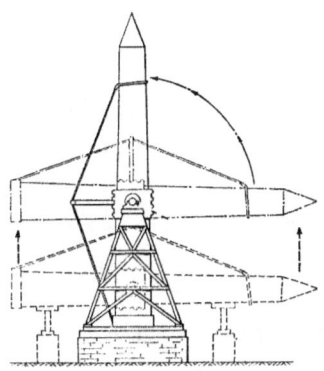

Bild 27 Die Methode von Lebas (Isler, 52)

Bild 28 Die Methode von Dixon und Gorringe (Isler, 52)

Vergleicht man die in der Neuzeit angewendeten Methoden, erscheint das Aufrichten durch Drehen in die Vertikale als geeignete Methode auch in Ägypten. Die Vermutungen von Sharpe um 1882, Barber 1900, Choisy 1904, Borchardt 1905 und Isler 1976 zeigen jedoch ein anderes Bild.

S. Sharpe[54] griff auf, was schon Lebas annahm: In der Nut auf der Oberfläche des Sockels drehte sich eine Basiskante wie in einem Gelenk, und das obere Ende wurde mit Hilfe eines Erdhügels angehoben, den man unter dem Obelisk zunehmend höher aufschüttete. Unklar blieb, wie Sharpe sich die aufrichtende Kraft vorstellte. F. M. Barber[55] meinte, man habe neben dem Sockel auf der vom Obelisk abgewandten Seite eine Wand gebaut, die etwa so hoch war wie der Obelisk. Über die Wand habe man Seile zur Spitze des Obelisken geführt, und 12 000 (!) Menschen hätten dann einen 225 Tonnen schweren Obelisk hochziehen können.

Die von Auguste Choisy[56] vorgestellte Methode ist der Versuch, die Methode von Dixon und Gorringe nach Ägypten zu übertragen. Der Obelisk soll auf einen Damm gehebelt worden sein, der so hoch war, wie beim aufgerichteten

Obelisk die Höhe seines Schwerpunktes. Dort lag der Obelisk auf Traversen über dem Sockel. Nach dem Abbau der Traverse an der Basis bewegte sich das schwere Ende nach unten, gedreht um eine Traverse unter dem Schwerpunkt und gebremst durch eine Sandschüttung über dem Sockel (Bild 29). Der Vorschlag Choisy's wurde von Engelbach mit der Begründung zurückgewiesen, es gäbe kein Material, das als Drehachse dem Druck hätte standhalten können.

Ludwig Borchardt[57], ein bautechnisch versierter Ägyptologe, vermutete:
> „Das Aufrichten wurde wohl durch Anheben mit Hebebäumen und Tauen sowie durch gleichzeitige allmähliche Aufklotzung und Untermauerung bewirkt ... Von der Höhe der Pylonen aus war ein solches Manöver auch wohl ausführbar, besonders leicht bei den zwischen zwei Pylonen aufgestellten Hatschepsowet-Obelisken."

Sich das Manöver vorzustellen, blieb den Lesern überlassen.

Erneut aufgegriffen wurde die Methode des Drehens um ein Gelenk an der Basis von Martin Isler[58], der meint, dass man am Obelisk eine Konstruktion aus Balken angebracht hatte, die weit über den Sockel hinweg ragt (Bild 30).

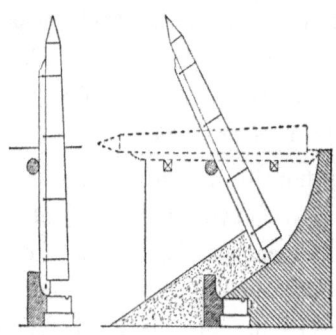
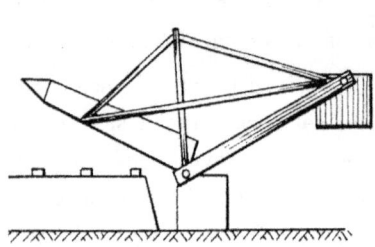

Bild 29 Die Methode von Choisy (Engelbach, 7, 1923)

Bild 30 Die Methode von Isler (Isler, 52)

Wenn dann Sand in einen Container an der Konstruktion gefüllt wurde, entstand ein Gegengewicht, das den Obelisk in mehreren Arbeitsschritten in die Vertikale drehte. Aus seinen Abbildungen ist zu entnehmen, dass der Hebelarm die Länge des Monolithen hatte, was als unrealistisch verworfen werden muss. Eine Balkenkonstruktion dieser Größe konnte nicht gebaut werden. Der Container hätte zudem, um einen 300 Tonnen schweren Obelisk zu drehen, mit mehr als 100 Tonnen Sand gefüllt werden müssen.

Zusammenfassend ist festzustellen, dass keine der vorgeschlagenen Methoden diejenige sein kann, die in Ägypten angewendet wurde.

3.2 Rutschten die Obelisken von hohen Dämmen?

Wegen des technischen Aufwandes, der in der Neuzeit erforderlich war, um Obelisken aufzurichten, vermieden Engelbach 1923, Chevrier 1952 sowie Golvin und Goyon 1987 bei ihren Vorschlägen große Drehkräfte.

Reginald Engelbach[59] nahm an, dass man den Obelisk auf einem mehr als 20 Meter hohen Damm heranschleppte, der vor dem Sockel endete. Über eine aus Ziegeln geformte, konvex gebogene Fläche sollte der Obelisk nach unten rutschen und nahezu senkrecht auf dem Sockel ankommen. Die Rutschfläche hatte man mit Ziegelmauerwerk zu einem Trichter ergänzt und diesen mit Sand gefüllt. Wurde der Sand unten durch einen Tunnel abgezogen, konnte ein allmähliches Absenken erreicht werden. Der Obelisk setzte mit einer Kante in der Nut auf und wurde mit Seilen in die Vertikale gezogen. An einem Modell erkannte Engelbach, dass der Obelisk beim Abwärtsrutschen mit einer kleinen Fläche auflag und sah die Gefahr, dass er brechen konnte. Er berechnete gleichwohl, dass er nicht brechen würde. Außer Acht ließ er, dass schon kleinste Schwingungen zum Bruch führen.

Henry Chevrier[60] erkannte den Schwachpunkt und variierte Engelbachs Vorschlag (Bild 31). Der Obelisk sollte stets mit dem größeren Teil seiner Länge auf der Rutschfläche liegen und unter etwa 45° den Sockel erreichen. Beim Ziehen in die Vertikale sollten Bremsen, die wie Krallen in den Damm einhaken, den Obelisk vor dem Vornüberkippen bewahren. Bedenkt man jedoch die nicht kontrollierbare Haltekraft der Hakenbremsen im Zusammenwirken mit der Zugmannschaft, ist das Verfahren als unsicher einzustufen; keinesfalls entspricht es ägyptischem Denken. Außerdem ist zu kritisieren, dass jenseits des Sockels keine hoch gelegene Fläche vorgesehen war, die mehreren tausend Menschen ausreichend Platz bot, um den Obelisk über den Sockel zu ziehen.

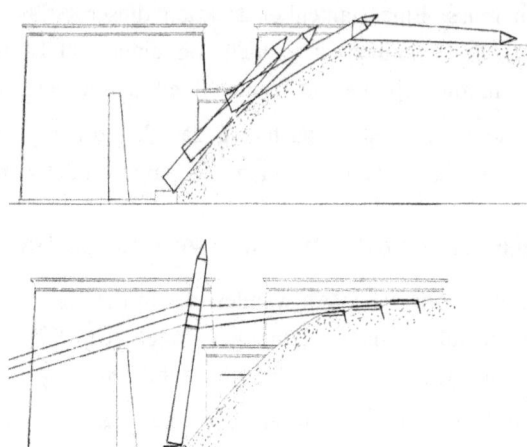

Bild 31
Die Methode
von Engelbach,
verbessert von
Chevrier
(Chevrier, 60)

Jean Golvin und Jean Goyon[61] modifizierten 1987 die Methode erneut. Jetzt befinden sich mehr als 20 m hohe Dämme auf beiden Seiten des Sockels. Der Obelisk rutscht auf einem Schlitten in den Trichter (Bild 32). Ihre Zeichnungen machen das monströse Verfahren anschaulich, lassen aber andererseits ungeklärt, wie der Obelisk den Weg auf den Sockel findet.

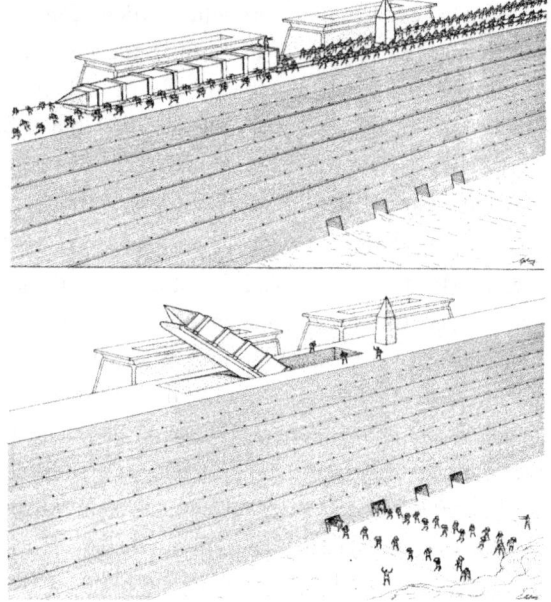

Bild 32
Die Methode von
Golvin und Goyon
(Golvin / Goyon, 9)

Dieter Arnold[62] hat die Methode als nicht akzeptabel zurückgewiesen. Der Bau gewaltiger Dämme hätte unlösbare Probleme in der dicht bebauten Umgebung des Tempels bewirkt und war deshalb nicht möglich. Er meint, dass die Aufgabe mit niedrigeren Dämmen gelöst werden konnte und halbiert kurzerhand die Höhe der Dämme (Bild 33). Wie der Obelisk, genau geführt, auf dem Sockel aufsetzte und wie man die Kräfte kontrollierte, seien noch ungelöste Fragen.

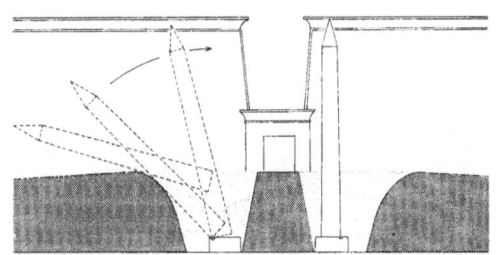

Bild 33 Halbierung der Dammhöhe (Arnold, 14)

Damit ist die Entwicklung der Methode wieder an den Ausgangspunkt der Überlegungen zurückgekehrt. Der Obelisk rutscht, nur gestützt in seinem Schwerpunkt, von einem Damm und setzt unter 45° auf dem Sockel auf. Dies Ergebnis zur Kenntnis nehmend, bleibt nur übrig, die Vorstellung, Obelisken seien aufgerichtet worden, indem man sie von Dämmen rutschen ließ, als gescheitert zu erklären.

3.3 Die ägyptische Schlitzkammer-Methode

Die in der Neuzeit erfolgreich abgeschlossenen Obelisken-Projekte zeigen als Grundmuster, wie schon gesagt, das Aufrichten durch Anheben und Drehen in die Vertikale. Es wird deshalb Domenico Fontanas Methode von 1586 als älteste Methode der Neuzeit analysiert[63]. Dabei wird gefragt, ob die Ägypter ähnlich verfahren konnten (Bild 34).

Die erste Feststellung, die zu treffen ist, hat grundsätzliche Bedeutung. Wird der auf einem wagenartigen Gestell liegende Obelisk zwischen die beiden hohen Gerüste gezogen und gleichzeitig am schlanken Ende angehoben, dann bewegt sich sein Schwerpunkt nicht nur aufwärts, sondern auch zur Seite des Sockels hin. Um das zu ermöglichen, müssen Kräfte nach oben, aber auch zur Seite hin wirken.

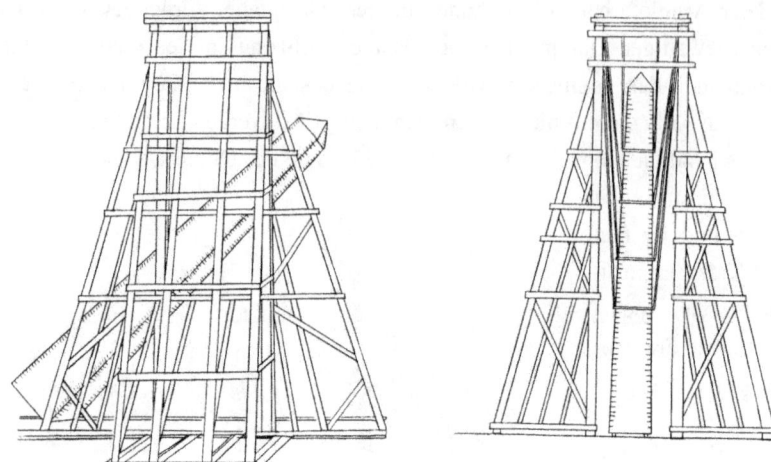

Bild 34 Die Methode von Domenico Fontana 1586

- Domenico Fontana standen Balken von großer Länge zur Verfügung. Er ließ zwei Balkengerüste neben dem liegenden Obelisk bauen. Die Ägypter waren Meister des Steinbaues und konnten zwei hohe Konstruktionen aus Stein neben dem Obelisk errichten.
- Zur Krafterzeugung nutzte Fontana Menschen und Pferde an Winschen auf dem Petersplatz. Die Ägypter konnten das Gewicht von Steinen als Kraft nutzen, denn das Gewicht ist eine nach unten wirkende Kraft.
- Fontana hob den Obelisk an und setzte ihn vertikal auf dem Sockel ab. Dazu waren die Ägypter nicht imstande; aber sie konnten das obere Ende anheben, indem sie den Obelisk um die Basiskante drehten.
- Fontana erzeugte die horizontale Kraft *unterhalb des Schwerpunktes* und zog die Basis des Obelisken unter seinen Schwerpunkt. Die Ägypter konnten den Obelisk nicht verschieben, aber sie konnten eine horizontale Kraft *oberhalb des Schwerpunktes* angreifen lassen und das obere Ende über den Schwerpunkt bringen.
- Fontana bewegte den Obelisk durch *gleichzeitige* Übertragung von Kräften nach oben und zur Seite hin. Die Ägypter mussten die Kräfte nach oben und zur Seite hin *in zwei Phasen nacheinander* übertragen.

- Fontana ließ die Kräfte verteilt um den oberen Drittelpunkt angreifen. Die Ägypter konnten die Kräfte im oberen Viertelpunkt angreifen lassen, weil der sich Obelisk zu jedem Zeitpunkt auf dem Sockel abstützte und dadurch die Kräfte kleiner halten.

Der Vergleich zeigt, dass Beziehungen zu Fontanas Methode herstellbar sind, die Grundlage für eine Hypothese zur ägyptischen Methode sein können[64].

Der mit seiner Basis auf dem Sockel liegende Obelisk wurde in zwei Phasen aufgerichtet. Für die 1. Phase waren zwei hohe Gerüstmauern dicht neben dem Obelisk die geeignete Konstruktion. Über diese Längsmauern führte man Seile und zog sie unter dem Obelisk – verteilt um dessen oberen Viertelpunkt – hindurch. Schwere Steine, außen an die Seile gehängt, erzeugten durch ihr Gewicht die Kraft, die erforderlich war, um den Obelisk am schlanken Ende anzuheben. Für die 2. Phase baute man eine Mauer quer vor dem Obelisk auf der gegenüber liegenden Seite des Sockels. Vor dem Beginn der 2. Phase wurden Seile, vom Viertelpunkt ausgehend, über die Quermauer geführt, und die Kraft wurde wie in der 1. Phase durch angehängte Steine erzeugt. Der Obelisk lag also während des Aufrichtens, von drei Mauern umgeben, in einer schlitzförmigen Kammer (Bild 35).

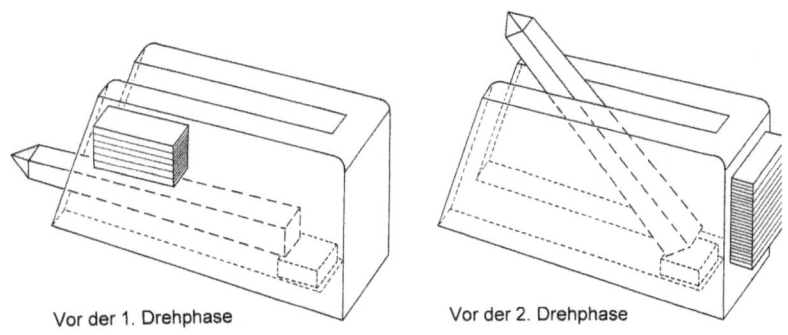

Vor der 1. Drehphase   Vor der 2. Drehphase

Bild 35 Der Obelisk in der Schlitzkammer (isometrische Darstellung)

Die Längsmauern wurden parallel zum Schaft errichtet, hatten deshalb nur Druck nach unten standzuhalten und konnten mit senkrechten Wänden gebaut werden. Die Quermauer musste dagegen Druck nach unten und Zug zur Seite standhalten. Sie stützte sich auf den Längsmauern ab. Zur Minderung der

Reibung wird man als oberen Abschluss der Mauern gerundete und polierte Blöcke verlegt haben. Die Höhe der Mauern hing davon ab, wie hoch der Obelisk in der 1. Phase angehoben werden sollte oder, anders ausgedrückt, um welchen Winkel der Obelisk in der 1. Phase gedreht werden sollte. Weil bei einer Drehung um 45° die erforderlichen Kräfte in beiden Phasen etwa gleich groß sind, ist anzunehmen, dass dieser Winkel gewählt wurde. Aus einer Zeichnung von der Drehbewegung konnten die Ingenieure die Höhe der Mauern zu $|H = 0{,}6 \times s + \text{Sockelhöhe}|$ entnehmen (Bild 36).

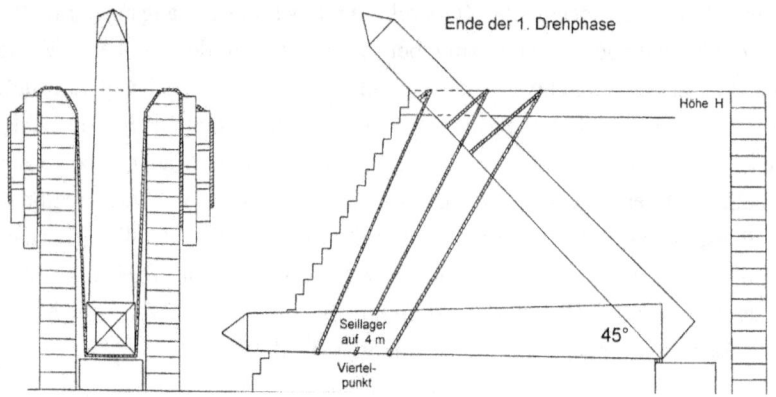

Bild 36 Die Schlitzkammer-Methode: 1. Drehphase

Der Obelisk wurde zwar um die unten liegende Basiskante in die Vertikale gedreht, doch setzte die Kante *nicht in der Nut* des Sockels auf. Mehrere hundert Tonnen schwere Obelisken auf ihrer Basiskante zu drehen war nicht möglich, ohne die Kante zu brechen. Wie ein geeignetes Gelenk hergestellt erden konnte, wird weiter unten beschrieben.

Vom Moment des Anhebens an hatte der Obelisk zwei Auflager: das Gelenklager auf dem Sockel und das Seillager verteilt um den Viertelpunkt. Das Seillager bewegte sich, wie auch der Schwerpunkt, während des Aufrichtens – von der Seite gesehen – zum Sockel hin. Um das zu ermöglichen, durften die Seile an den Innenwänden nicht senkrecht nach oben geführt werden, sondern mussten oben auf den Längsmauern näher am Sockel aufliegen. Die Seile liefen also während der 1. Drehphase schräg nach oben.

Gebaut wurden die Längsmauern, indem man die Steine an der offenen Seite der Schlitzkammer auf Rampen nach oben zog. Dass der Obelisk dabei teilweise umhüllt wurde, war unerheblich. Am anderen Ende der Längsmauern, jenseits der Quermauer, baute man steile abwärts gerichtete Rampen für die Zugmannschaften. Abwärtsrampen auf der Seite anzunehmen, die den Aufwärtsrampen gegenüber lag, ist sinnvoll und praxisbezogen, weil sie Kraft sparendes Bauen ermöglichten. Die Zugmänner gingen – *an den Seilen hängend* – abwärts und zogen die Steine unter Einsatz ihres Körpergewichtes hoch[65]. Die Steine für die Quermauer zog man auf denselben Rampen hoch und verbaute sie von einer Arbeitsfläche aus, die neben der Quermauer in die Höhe wuchs. Die Rampen und die Mauern wurden abwechselnd erhöht. Für das Aufrichten der Obelisken nach der Schlitzkammer-Methode wurde wenig Platz benötigt. Sogar der Abstand von nur 12 Metern zwischen dem 4. und 5. Pylon in Karnak reichte aus. Bei 2 Meter breiten Mauern und weniger als 3 Meter breitem Zwischenraum waren unten an den Pylonen die Arbeitsflächen noch breiter als 2 Meter.

Hatten die Mauern die geforderte Höhe erreicht, baute man die Aufwärtsrampen und die Arbeitsflächen im Bereich der Seile an den Längsmauern Schritt für Schritt ab. Gleichzeitig zog man die schweren Gewichtsteine für die 1. Drehphase hoch und befestigte sie paarweise *ohne Kraftaufwand* an den Seilen. Die Abwärtsrampen blieben jedoch stehen, weil sie noch für die 2. Drehphase gebraucht wurden. Mit fortschreitendem Abbau der Rampen kamen die Steine, sich an den Mauern gegenseitig im Gleichgewicht haltend, in den freien Hang. Damit der Obelisk sich nicht zum falschen Zeitpunkt aufwärts bewegte, hatte der Baumeister vor dem Beginn der Arbeiten an Mauern und Rampen einige Steine am Obelisk befestigen und unter dem Pyramidion lagern lassen. Deren Seile spannten sich unter der Kraft der Gewichtsteine und wurden zum geplanten Zeitpunkt gekappt.

Die zum Aufrichten benötigte Kraft war am Beginn der 1. Drehphase am größten und nahm mit zunehmender Schrägstellung des Obelisken ab. Um die Bewegung auch gegen Ende der 1. Phase langsam und kontrolliert ablaufen zu lassen, platzierte man die Gewichtsteine so an den Mauern, dass ein Teil von ihnen während der Drehung auf dem Boden aufsetzte und ihre Kraft wirkungslos wurde. Wie die Menge der Gewichtsteine berechnet werden konnte, wird im folgenden Kapitel erläutert. Am Ende der 1. Phase hing der Obelisk sicher unter 45° an den Seilen.

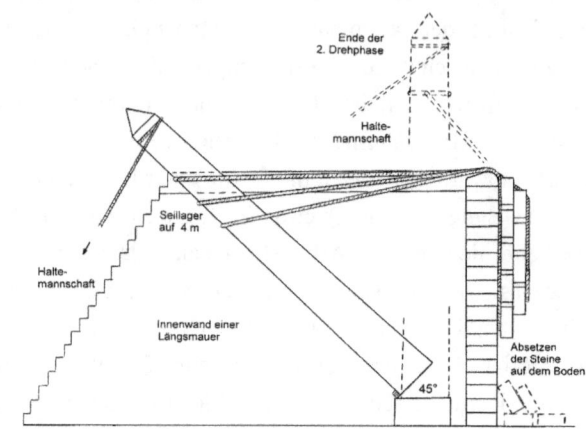

Bild 37
Beginn der
2. Drehphase

Die Gewichtsteine für die 2. Drehphase an der Quermauer (Bild 37) durften erst nach Abschluss der 1. Phase zur Wirkung kommen. Andererseits aber konnte man die Steine *nicht nach der 1. Phase* hochziehen, obwohl noch die Rampe an der Querwand aus der 1. Phase vorhanden war. Aus Platzgründen konnte keine zweite Rampe für die Zugmannschaft gebaut werden. Das Problem ließ sich lösen, indem man die Gewichtsteine für die 2. Phase schon während des Aufbaues der Mauern in der 1. Phase nach oben zog und an der Quermauer im Rampenmaterial einlagerte. Waren die Seile der 2. Phase, vom oberen Viertelpunkt ausgehend, über die Quermauer geführt, entfernte man das Rampenmaterial, legte dabei die Gewichtsteine frei und befestigte sie an den Seilen. Nach und nach kamen die Gewichtsteine in den freien Hang und trugen zum Halt des Obelisken bei. Je mehr Steine an der Quermauer frei hingen, desto weniger Steine wurden an den Längsmauern benötigt. Die Seile der nicht mehr benötigten Steine wurden gekappt. Aus diesem Ablauf ergibt sich die Feststellung, dass für die Drehung in der 2. Phase nicht die Gewichtsteine der 1. Phase genutzt werden konnten.

Die 2. Drehphase musste besonders sorgfältig geplant werden, weil die überschüssige Zugkraft rasch zunimmt, wenn sich der Obelisk der Vertikalen nähert. Es musste unbedingt verhindert werden, dass der Obelisk vornüber kippt, und deshalb sollte die Bewegung langsam verlaufen. Wieder wurden die Seillängen so bemessen, dass die Steine nacheinander auf dem Boden aufsetzten und ihr Gewicht wirkungslos wurde. Am Ende der Drehung waren nahezu alle Steine am Boden; einige frei hängende Steine verhinderten bis zum Schluss, dass der Obelisk zurückfiel. Gefährlich wurde es im letzten Moment, wenn der Obelisk auf den Sockel kippte, weil er dabei aus der Richtung ‚springen' konnte. Eine Haltemannschaft stoppte den Schwung.

Durchdenkt man alle Aktionen, die beim Aufrichten auszuführen waren, dann erkennt man eine konzentrierte und koordinierte Arbeitsleistung, aber auch in jedem Moment einen harmonischen Fortgang. Die *Maschine, die den Obelisk bewegte,* war auf kleinstem Raum organisiert, und große Kräfte wurden in kleinen Quantitäten dosiert. In den Augenblicken des Aufrichtens wandte niemand Kraft auf. Deckte man zusätzlich die Mauern und Seile mit Tüchern ab, konnte bei Nicht-Eingeweihten wohl der Eindruck entstehen, dass der Obelisk sich aus eigener Kraft aufrichtet.

3.4 Konstruktive Details und Berechnungen

Wie war das Gelenk konstruiert, um das der Obelisk gedreht wurde? Welche Kräfte waren erforderlich, um den Obelisk aufzurichten, und wie hat man die Kräfte berechnet? Welche Menge Gewichtsteine wurde gebraucht und wie hat man die Gewichtsteine an den Mauern verteilt? Die Seillängen waren innen an den Mauern länger als außen. Welche Konsequenzen hatte das?

Das Gelenk an der Basis

Ludwig Borchardt[66] beobachtete in Karnak, dass die Nuten auf den Oberflächen der Sockel etwa 20-30 cm breit, 6-10 cm tief und an beiden Enden 20-30 cm länger sind als die Basiskanten der Obelisken und dass die Obelisken an der ‚hinteren' Nutkante stehen. Die Nuten haben keilförmigen Querschnitt, wobei die Seite am Obelisk steil geneigt ist, während die Seite zum Sockelrand hin flach geneigt und konkav gebogen ist (Bild 38). Borchardt irrte allerdings in der Annahme, dass der Obelisk, wenn er auf dem Sockel lag, mit der Kante in die Nut eingeklinkt war. Die Basiskante musste beim Aufrichten vor der Berührung mit dem Sockel geschützt werden. Um das zu erreichen, musste die Drehung um eine Linie an der Basis stattfinden, die von der Kante einige Zentimeter entfernt war.

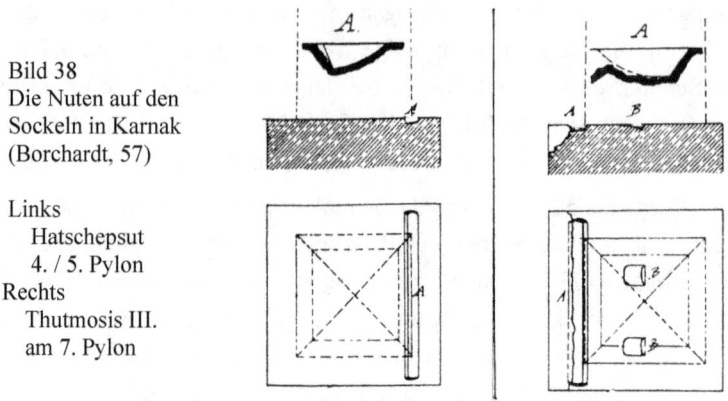

Bild 38
Die Nuten auf den
Sockeln in Karnak
(Borchardt, 57)

Links
  Hatschepsut
  4. / 5. Pylon
Rechts
  Thutmosis III.
  am 7. Pylon

Ein brauchbares Gelenk konnte hergestellt werden, indem in die Nut eine *Gleitangel* aus Bronze eingesetzt wurde, deren Querschnitt oberhalb der Nut ein Halbkreis war (Bild 39).

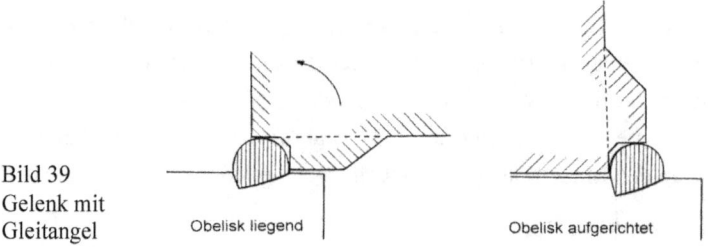

Bild 39
Gelenk mit
Gleitangel

Als Gelenkpfanne diente ein Vorsprung am Schaft, den man beim Aushauen im Steinbruch stehen gelassen hatte. Eine ähnliche Konstruktion hat Martin Isler[67] bedacht, doch wären mit Seilen festgezurrte Balken als Gelenkpfanne viel zu nachgiebig. Die Gleitangel hatte noch eine weitere, nicht weniger wichtige Aufgabe. Sie setzte der beim Anheben des Obelisken entstehenden, horizontal gerichteten Schubkraft Widerstand entgegen und verhinderte, dass der Obelisk vom Sockel geschoben wurde (s. S. 96). Nach dem Aufrichten schlug man den Vorsprung ab und glättete den Schaft. Danach war dem Obelisk nicht mehr anzusehen, wie er aufgerichtet worden war.

Die Berechnung der Seilkräfte

Die Frage, ob die Ägypter große Kräfte berechnen konnten, ist bisher negativ beantwortet worden. Engelbach[68] meint, dass lediglich Modellversuche unternommen wurden. Isler ergänzt die Annahme dahingehend, dass Ägypter jener Zeit keines ingenieurmäßigen Verständnisses bedurften und keiner Mathematik, wie wir sie heute haben[69]. Der erste Teil seiner Bemerkung muss zurückgewiesen werden, und der zweite Teil versteht sich von selbst. Ohne Nachweis zu erklären, Kräfte wurden nicht rechnerisch kalkuliert, ist nicht berechtigt. Man hätte Obelisken auch nicht auf dem Nil transportieren können, wenn man nicht imstande war, das Gewicht der Monolithen, den Auftrieb im Wasser und die Wasserverdrängung der Schiffe zu kalkulieren. Entsprechendes gilt für das Aufrichten der Obelisken.

Außer Frage steht, dass große Volumen berechnet wurden, wie die Aufgabe zeigt, einen Obelisk zu berechnen, um die Größe der Zugmannschaft zu ermitteln[70]. Auf derselben Linie liegt die Aufgabe, das Volumen einer großen Rampe zu berechnen, um die Anzahl der benötigten Ziegel zu ermitteln. Die Berechnung des Volumens in Verbindung mit dem Material ist aber nichts grundsätzlich anderes als das Ermitteln des Gewichtes. Wer Volumen berechnen kann, kann auch Gewichte kalkulieren und mit Kräften rechnen, denn Gewicht ist eine nach unten gerichtete Kraft.

Es ist auch auf den *Zusammenhang von Wiegen und Kraft* hinzuweisen. Wiegen und Gewichte vergleichen, waren ganz übliche Tätigkeiten, und es gibt zahlreiche bildliche Darstellungen vom Wiegen. Wer die Grundsätze des Wiegens kennt und den Waagenbau beherrscht, kennt auch den ‚Hebelsatz' und muss ihn anwenden: Eine Balkenwaage ist dann im Gleichgewicht, wenn auf beiden Seiten der Aufhängung das *Produkt aus Gewicht mal Hebelarm* gleich ist. Statik ist die Lehre vom Gleichgewicht, wobei die Waage mit einem statischen System vergleichbar ist (Bild 40). Wiegen und einfache statische Berechnungen ausführen ist dasselbe, was leicht übersehen wird. Wurde von den Verantwortlichen seinerzeit gefordert, die Seilkraft beim Aufrichten eines Obelisken zu berechnen, konnte das etwa so formuliert werden: *Wiege das Volumen des Granit-Obelisken im Seil.*

Bild 40
Die Analogie
von Balken-
waage und
statischem
System

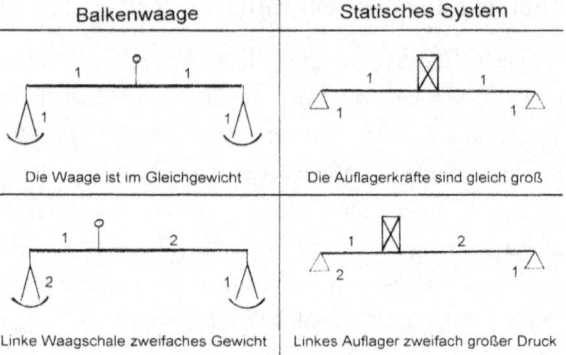

Die Waage für Obelisken, also das statische System, ist ein Balken auf zwei Stützen mit einem Kragarm von einem Viertel der Schaftlänge (Bild 41).

Im Folgenden wird gezeigt, wie ein Obelisk *gewogen* werden konnte. Als Beispiel wird der Obelisk vom Circus Vaticanus, der später so genannte Vatican-Obelisk, gewählt, weil Fontana in Rom vor dem Umsetzen auf den Petersplatz dieselben Berechnungen vorgenommen hat.

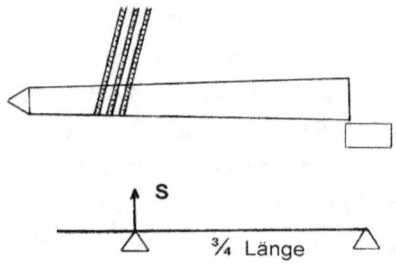

Bild 41 Die Waage für Obelisken

Die Maße des Obelisken sind (Bezeichnungen S. 22):
h = 25,30 m   s = 24,00 m   p = 1,30 m   a = 2,80 m   b = 1,80 m

Wenn die lotrecht nach oben gerichtete Kraft S bekannt ist, kann die schräg nach oben gerichtete Seilkraft berechnet werden.

Die Kalkulation der Kraft S gründet sich darauf, dass der Pyramidenstumpf und die Pyramide berechnet werden konnten[71]:

Pyramidenstumpf: $V = 1/3 \, s \times (a^2 + a \times b + b^2)$ Pyramide: $V = 1/3 \, s \times a^2$

Der Obelisk wird unterteilt in vier Teilkörper (Bild 42):

| ein Prisma | vier Keile | eine Pyramide aus vier Eckteilen | das Pyramidion |

Die Volumen / Gewichte der Teilkörper werden als ‚Lastfälle' auf die Waage gelegt. Die Lastfälle ‚Dreieck' und ‚Parabel' lassen sich durch Einzellasten annähern und berechnen wie der Lastfall ‚Pyramidion' wenn sie etwa im Schwerpunkt der Lastverlauf-Flächen auf die Waage gelegt werden.

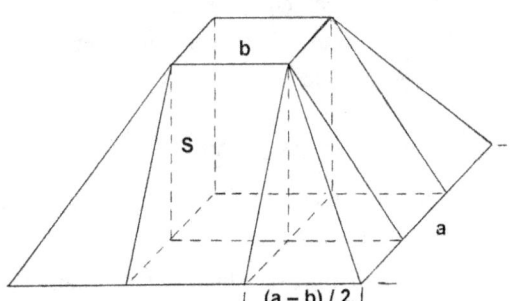

Bild 42
Die Teilkörper des
Obeliskenschaftes

Tabelle 2
Lastfälle und
Lastverlauf

Lastfall	Grundfläche	Lastverlauf
1 Prisma	Quadrat b^2	Rechteck
Pyramidion	Quadrat b^2	Einzellast
4 Keile	Rechteck $b(a-b)/2$	Dreieck
1 Pyramide	Quadrat $(a-b)^2$	Parabel

Eine Last ist umso mehr dem Seillager zuzurechnen, je näher sie sich am oberen Viertelpunkt befindet. Eine Last, die sich, vom Sockel aus gesehen, jenseits vom Viertelpunkt befindet, wird allein vom Seil getragen. Darüber hinaus versucht diese Last *die Waage zu drehen;* im Gelenklager entsteht ein Zug nach oben und im Seillager ein zusätzlicher, gleich großer Druck nach unten, den das Seil als zusätzliche Kraft aufzunehmen hat.

Beispielhaft wird für den Lastfall ‚Prisma' die ägyptische Rechenvorschrift dargestellt (Bild 43).

Das Gewicht des Prismas sei schon vorher zu G = 209 t ermittelt worden (modern: 1,8 × 1,8 × 24,0 × 2,68).

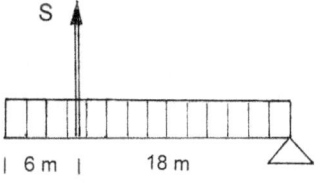

Bild 43 Der Lastfall Prisma

- Was zwischen Seil und Sockel ist, ist drei Viertel vom Gewicht. Davon nimm die Hälfte $\qquad$ S = G × 3/4 × 1/2 = 78 t

- Was jenseits vom Seil ist, ist ein Viertel vom Gewicht.
  Das nimm ganz $S = G \times 1/4$ = 52 t
- Was vom Gewicht jenseits vom Seil ist,
  das fasse zusammen in einem Punkt; der ist 3 m vom Seil entfernt.
  Das Gelenk auf der anderen Seite ist 18 m entfernt; das ist 6-mal soweit.
  Darum nimm 1/6 von dem Gewicht jenseits vom Seil $S = 52 / 6 =$ 9 t

<u>Ergebnis</u>: Dieser Teil vom Obelisk *wiegt im Seil* $S = 139$ t

Auf ägyptische Weise berechnet und zusammengefasst, ergibt sich die zur Aufrichtung erforderliche Kraft zu $S_{Gesamt} = 205$ t.

Nach diesen Kalkulationen hatte der Baumeister noch zu bedenken, dass die anfangs erforderliche Seilkraft wegen der schrägen Seilführung etwas größer sein muss als die vertikal nach oben ziehende Kraft. Die Zugkraft S_1 muss etwa 1/10 größer sein als die Zugkraft S, weil bei maßstäblicher Darstellung der Kräfte die Länge S_1 etwa 1/10 länger ist als die Länge S. Die anfangs erforderliche Seilkraft S_1 beträgt 225 t.

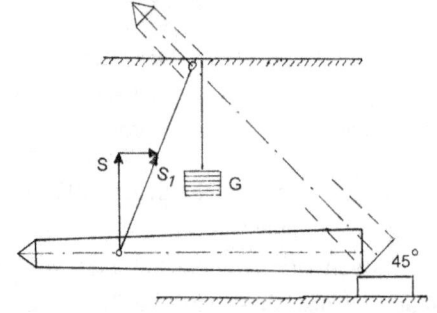

Bild 44
Zugkraft in Richtung der Seile

Am Beginn der 2. Drehphase laufen die Seile in Höhe der Mauerkrone horizontal zur Quermauer, und die erforderliche Seilkraft S_1 in Richtung der Mauer ist etwa so groß wie die Kraft S am Beginn der 1. Phase.

Bei jeder Stellung des Obelisken hat man die lotrechte Kraft S aufzuteilen in einen nutzbaren Kraftanteil S_1 in Richtung der Seile und einen nutzlosen Kraftanteil in Richtung des Obelisken; das gilt auch für die 2. Drehphase. Der nutzlose Kraftanteil hat eine horizontale Komponente, die als Schubkraft den Obelisk – ohne eingesetzte Gleitangel – vom Sockel schieben würde. Mit zunehmender Schrägstellung nimmt die benötigte Kraft S_1 ab. Man konnte die Aufwärtsbewegung langsam und kontrolliert ablaufen lassen, indem man auf dieselbe Weise abschätzte, wie die Seilkraft abnimmt und folgerte, wie viele

Steine wirkungslos werden müssen und auf dem Boden aufsetzen sollen.

Dimensionierung der Steinpakete und Kürzung der Seillänge

Um den 330 Tonnen schweren Vatican-Obelisk am Beginn der 1. Drehphase anzuheben, wurden Steine im Gewicht von G = 225 t benötigt. Arbeitete der Bauleiter mit 2,4 t schweren Kalksteinen, entsprechend dem Gewicht von Pyramidensteinen und mit dem Format 2,00 × 0,70 × 0,64 m, dann ließ er an jede Mauer 48 Steine hängen (Anhang 3): 4 Steine nebeneinander, 4 Reihen untereinander und 3 Reihen voreinander. Würde der Baumeister beim Auflegen der Seile auf die Mauern nicht die Richtung der Seilkräfte S_1 an den Innenwänden bedenken, werden die Steinpakete in Richtung auf den Obelisk-Viertelpunkt gezogen. Um ein Verrutschen der Seile zu verhindern, mussten in die glatten Mauerkronen Führungsrillen eingearbeitet werden.

Noch etwas war zu bedenken. Sind die Mauern wie angenommen 16 Meter hoch (0,6 × s + 1,6 m Sockelhöhe) und lässt man die Rundung der Mauerkronen sowie die Abstände zwischen den Steinreihen außer Betracht, dann setzt die unterste Steinreihe auf dem Boden auf nach einem Seil-Hub von 16,0 m − 4 × 0,7 m = 13,2 m. Die untere Seite des mit horizontaler Achse auf dem Sockel liegenden Obelisken ist am Seillager zwar 1,6 + 0,4 = 2,0 m höher als der Boden außerhalb der Schlitzkammer, aber die innen an der Wand schräg geführten Seile sind rund 16 Meter lang. Der lotrechte Seil-Hub außen ist 3 Meter kleiner als die Seillänge innen. Würde nichts unternommen, könnte der Obelisk nicht bis zum Winkel 45° angehoben werden. Die Seillänge innen darf nicht länger sein als der Seil-Hub außen. Um die Forderung zu erfüllen, musste außen neben der Mauer im Bereich der Steinpakete der Boden ausgehoben werden, oder der Obelisk musste vor der 1. Drehphase mit Hebeln auf der Transportrampe am schlanken Ende angehoben und schräg gestellt werden. Das Vergrößern des Seil-Hubs außen war wohl die leichtere Aufgabe − unter Beachtung der Standfestigkeit der Längsmauern.

Nach diesen technischen Details stellt sich die Frage, ob es Indizien gibt, die für die Anwendung der Schlitzkammer-Methode sprechen. Die Frage wird im folgenden Kapitel beantwortet. Es wird sich erweisen, dass die Kammer-Methode die Methode zur Aufrichtung der Obelisken war.

3.5 Indizien für die Anwendung der Kammer-Methode

Bilddokumente der Ptolemäer-Zeit

Noch in der Zeit des Hellenismus, nachdem Alexander d. Gr. Ägypten unterworfen hatte und die griechisch-ägyptische Dynastie der Ptolemäer herrschte, wurden Obelisken errichtet. Darstellungen in Tempeln zeigen den Pharao, wie er symbolisch einzelne Obelisken oder auch Paare von Obelisken aufrichtet. Stets ist der Abschluss der Aktion zu sehen. Der Pharao vollendet das Werk und weiht die Obelisken dem höchsten Gott. Alle Bilder bestätigen, dass die Obelisken nicht von Dämmen rutschten, sondern mit Seilen aufgerichtet wurden (Bild 45).

Bild 45
Ptolemaios XII. Neos Dionysos[72]
(reg. 80–51 v. Chr.)

Eine von Plinius d. Ä. mitgeteilte Anekdote

Plinius[73] d. Ä. (23–79 n. Chr.) berichtet über Ramses II.:

„Als der Pharao den Obelisken aufrichten lassen wollte, aber befürchtete, die Maschine würde für die Last nicht ausreichen, band er, um die größere Gefahr der Aufmerksamkeit der Techniker zu empfehlen, selbst seinen Sohn an die Spitze, damit dessen Rettung bei denen, die die Masse in Bewegung setzten, auch dem Stein zugute komme."

Es berührt eigenartig, dass diese Anekdote von den Vertretern der These ›Obelisken rutschten von Dämmen‹ nicht beachtet worden ist. Dabei ist es unerheblich, ob ein Bezug zu Ramses II. besteht. Unerheblich ist sogar, ob sich die Geschichte überhaupt zugetragen hat. Es kommt allein darauf an zu erkennen, dass zum Aufrichten der Obelisken eine *technische Konstruktion* erforderlich war, die äußerst sorgfältig geplant und gebaut werden musste und *als Maschine betrieben* wurde.

Die Rechenaufgabe im Papyrus Anastasi I

Die Kammer-Methode war auch beim Aufrichten großer Statuen anwendbar, wie die vom Schreiber Hori gestellte Rechenaufgabe im Papyrus[74] Anastasi I, 16.5-17.2 bestätigt. Die Abmessungen der Statue von der Hori spricht, ihr errechenbares Gewicht und das Gewicht des Sandes, mit dem die Statue aufgerichtet wurde, lassen zur Gewissheit werden, dass große Kräfte richtig kalkuliert werden konnten.

Es ist eine Statue oder der Block einer Statue mit den Maßen 30 Ellen hoch und 20 Ellen breit aufzurichten, wobei ›20 Ellen breit‹ von den Ägyptologen als Quadrat-Maß verstanden wird.

Der Block hat, umgerechnet in metrisches Maß mit 1 Elle = 0,52 m, das Volumen $V = 0{,}52^3 \times 30 \times 4{,}5 \times 4{,}5 = 85$ m^3
und mit der Dichte $\sigma = 2{,}7$ g/cm^3 das Gewicht $G = 85 \times 2{,}7 = 230$ t.

Im Weiteren folge ich der Textfassung von Otto Neugebauer[75] von 1931, der angibt, er verdanke die Interpretation einer Mitteilung von Borchardt:
„Zum Aufstellen dienen 100 Kammern ... von Breite 8 4 Ellen und Höhe 50 Ellen. Diese seitlich um einen hohen Sandkasten herum angebrachten Kammern dienen dazu, den Sand aufzunehmen, auf dem die Statue zunächst liegt und sie dadurch allmählich schräg zu stellen und schließlich ganz aufzurichten. Im Einzelnen ist noch manches unklar; alle Körper sind wohl Quader."

Anzumerken ist, dass Borchardt seine Meinung offenbar geändert hat, denn 1908 hatte er eine Methode mitgeteilt, die der englische Künstler J. Bonomi 1877 beschrieben hatte, und die *drei clay walls* um die Statue vorsah. Zitat[76]:
„Bonomis Idee, daß die Statuen mit Hilfe von dreiseitig geschlossenen Sandkästen auf ihre Sockel gesetzt worden wären, halte ich nicht für richtig."

In Kenntnis der Schlitzkammer-Methode ist Neugebauers Text verständlich. Der *hohe Sandkasten,* um den herum *die Kammern* angebracht sind, das sind die drei Mauern der Schlitzkammer. In diesem *Sandkasten* liegt die Statue und wird dort allmählich schräg gestellt. Die *Kammern* deute ich als quaderförmige Hohlkörper, die außen an den Mauern hängen, an denen *„es (das Denkmal) geht vorbei"* (Zitat nach Fischer-Elfert[77]), weil die Statue sich aufrichtet, wenn die gefüllten Hohlkörper abwärts rutschen. Der Block erhält eine erste Schrägstellung, indem der Sand, auf dem er liegt, an seinem unteren Ende abgegraben wird. Der Sand wird in die Hohlkörper gefüllt, die dann als Gewichte zur Drehung genutzt werden.

Die aufrichtende Seilkraft kann bei den Abmessungen des Blocks an seinem oberen Ende angreifen, ohne dass er bricht. Das Gewicht des Blocks verteilt sich dann je zur Hälfte auf das Seillager und den Sockel. Die Seilkraft beträgt in der 1. Drehphase $S = \frac{1}{2} G = 115$ t. Ein Zuschlag wegen der schräg nach oben geführten Seile kann entfallen, weil der Block schräg gestellt wurde, bevor die Drehung beginnt. Die Seilkräfte in beiden Drehphasen zusammengerechnet und nach oben gerundet, müssen dem Gewicht von 240 Tonnen entsprechen. Alle Hohlkörper zusammen müssen 240 Tonnen wiegen.

Die Angabe *8 4 Ellen* verstehe ich als Flächenmaß 8 × 4 Ellen, so wie auch *20 Ellen* als Flächenmaß gilt. Wenn das zutrifft, haben mit der Höhe 50 Ellen alle Hohlkörper zusammen im metrischen System das Volumen $V = 0{,}52^3 \times 8 \times 4 \times 50 = 225$ m^3.

Weil 100 Hohlkörper vorhanden sind, fasst jeder Behälter 2,3 m^3, und weil die Dichte von trockenem Sand $\sigma \approx 1{,}1$ g/cm^3 ist, hat jeder mit Sand gefüllte Behälter das Gewicht $2{,}3 \times 1{,}1 \approx 2{,}5$ t.

100 Behälter haben das Gewicht 250 t, und das entspricht dem erforderlichen Gewicht von 240 t, um die Statue in beiden Drehphasen aufzurichten.

Hori hat die Kräfte richtig kalkuliert.

Die Ergebnisse der Untersuchung von Hori's Text und der darin enthaltenen Angaben zur Berechnung der Kräfte, lassen sich in zwei Feststellungen zusammenfassen:

- Das bisher unverstandene Verfahren im Papyrus Anastasi I, 16.5–17.2 zur Aufrichtung des Blocks einer schweren Statue ist die beschriebene Kammer-Methode.
- Die Schlitzkammer-Methode ist das Verfahren, nach dem die Obelisken in Ägypten aufgerichtet wurden.

4. Auf dem Seeweg nach Rom

4.1 Die vier größten Obelisken in Rom

Die Geschichte der Obelisken in Rom beginnt 10 v. Chr. und ist wiederholt dargestellt worden[78]. Die beiden Obelisken, die Rom als erste erreichten, wurden im Circus Maximus und auf dem Marsfeld aufgestellt und 10 v. Chr. – anlässlich der Feier zur 20-jährigen Wiederkehr des Sieges über Ägypten im Jahr 30 v. Chr. – geweiht. Sie gehören zu den vier größten Obelisken in Rom und stehen heute auf der Piazza del Popolo und auf der Piazza Montecitorio (Tabelle 3). Der dritte der vier Obelisken ist jener, den Octavian, der spätere Augustus, bei der Annexion Ägyptens in Alexandria vorfand – noch ohne die Weihe-Inschriften am Schaft – und dort in einem Kultbezirk, dem späteren Forum Iulium, aufrichten ließ[79]. Octavian brachte damit die Herrschaft Roms über Ägypten zum Ausdruck und zugleich seinen eigenen Herrschaftsanspruch. An die Bevölkerung Ägyptens gerichtet, war das ein Appell, ihn als gottgleichen König zu begreifen[80]. Kaiser Caligula ließ den Obelisk nach 37 n. Chr. nach Rom überführen und im Circus Vaticanus aufstellen. Er ist heute der Mittelpunkt der Piazza di San Pietro.

Der größte der vier Obelisken erreichte Rom 300 Jahre später. Der Weg vom Tempel in Karnak nach Alexandria wurde unter Kaiser Konstantin I. 337 bewältigt, der den Obelisk für seine neue – ost-römische – Hauptstadt Konstantinopel bestimmt hatte. Er starb aber in jenem Jahr, und Constantius II., sein Sohn und Nachfolger, gab Rom als Ziel vor. Der Obelisk wurde im Circus Maximus neben dem als erstem überführten Obelisk aufgestellt und 357 geweiht. Heute steht er auf der Piazza San Giovanni in Laterano. Nach Konstantinopel / Istanbul wurde drei Jahrzehnte später ein anderer Obelisk aus Karnak überführt und dort 390 unter Kaiser Theodosius I. aufgestellt.

Die beiden vor 10 v. Chr. angekommenen Obelisken standen ursprünglich in Heliopolis im Hauptheiligtum des Sonnengottes. Von dort brachte man sie auf dem Nil nach Alexandria, ehe sie die Reise über das Mittelmeer antraten. Unmittelbar davor waren schon einmal zwei Obelisken in Heliopolis niedergelegt und nach Alexandria transportiert worden. Jene beiden hatte man dort 13-12 v. Chr. „am Hafen, beim Tempel Caesars" aufgerichtet[81]. Das Datum ist aus einer Inschrift auf einem der Bronze-Stützkörper erschlossen worden, die zwischen Sockel und Obelisk angebracht worden waren. Dass zwei Obelisken in Alexandria fast zeitgleich mit den beiden in Rom aufgestellt wurden, ist kein Zufall. Nachdem in Ägypten die Dynastie der Ptolemäer mit Cleopatra VII. als letzter Herrscherin 30 v. Chr. ihr Ende gefunden hatte, musste die Priester-Elite über den Umbruch hinweg das Bild vom neuen, nunmehr römischen Herrscher als Pharao gestalten. Schritt für Schritt wurde Octavian-Augustus in die Rolle eines kultischen Pharao integriert, und um 20 v. Chr. war die Ausprägung zum römisch-ägyptischen Pharao abgeschlossen[82]. Zur Sichtbarmachung der Kontinuität in der Pharaonenfolge bedurfte es nach ägyptischer Tradition noch der Errichtung eines Obelisken-Paares.

Die zeitlichen und kultischen Zusammenhänge zwischen den Vorgängen in Rom und Ägypten haben bei den Überlegungen zur Frage, wie die Obelisken über das Mittelmeer transportiert wurden, bisher keine Rolle gespielt. Wie wir aber sehen werden, kommt dem Ablauf der Ereignisse maßgebliche Bedeutung bei der Rekonstruktion des römischen Obeliskenschiffs zu. Hierauf wird im Anschluss an die Diskussion bisher vorliegender Untersuchungsergebnisse und Überlegungen eingegangen.

	Erster Standort	Circus Maximus	Marsfeld	Circus Vaticanus	Circus Maximus
Höhe Gewicht		23,84 m 263 t	21,79 m 230 t	25,31 m 330 t	32,15 m 480 t
Stifter Zeit in		Sethos I. 19. Dyn. Heliopolis	Psametik II. vor 589 v.Chr. Heliopolis	Cleopatra VII. vor 30 v. Chr. Alexandria	Thutmosis III. 18. Dyn. Karnak
Nach Rom unter		Augustus v. 10 v. Chr.	Augustus vor 10 v. Chr.	Caligula n. 37 n. Chr.	Constantius II. vor 357 n. Chr.
Umgesetzt unter		Sixtus V. 1589	Pius VI. 1792	Sixtus V. 1586	Sixtus V. 1588
Standort heute		Piazza del Popolo	Piazza di Montecitorio	Piazza di San Pietro	S. Giovanni in Laterano

Tabelle 3 Die vier größten Obelisken in Rom[83] (s. Bild 71, S. 131)

4.2 Zeitgenössische Berichte und was Experten meinen

Plinius d. Ä. geht in seiner *Naturalis Historia* an zwei Stellen auf die Überführung der Obelisken unter Augustus und Caligula nach Rom ein. Im Anschluss an Ausführungen zu Obelisken in Ägypten (s. S. 49) berichtet er zum Transport über das Mittelmeer[84]:

„Eine ganz besondere Schwierigkeit bereitete der Transport der Obelisken auf dem Seeweg nach Rom auf äußerst sehenswerten Schiffen. Der vergöttlichte Augustus widmete das Schiff, das den ersten Obelisk herbeigebracht hatte, des Wunders wegen, für immer der Werft zu Puteoli; es wurde aber durch einen Brand vernichtet. Der vergöttlichte Claudius ließ das einige Jahre lang aufbewahrte Schiff, mit dem C. Caesar (d. i. Caligula) einen Obelisk hatte kommen lassen und das erstaunlicher war als alles, was jemals auf dem Meer gesehen wurde, da man darauf Türme aus der Erde von Puteoli errichtet hatte, nach Ostia überführen und des Hafens wegen dort versenken."

Zum gleichen Thema schreibt Plinius im Anschluss an Bemerkungen über große Bäume in Rom[85]:

„Eine ausnehmend bewundernswerte Tanne sah man auf einem Schiff, das auf Befehl des Kaisers Gaius (d. i. Caligula) den im Vatikanischen Zirkus aufgestellten Obelisk und die vier zur Unterlage dienenden Blöcke aus demselben Stein aus Ägypten nach Rom transportierte. Sicherlich ist auf dem Meer nichts Staunenswerteres als dieses Schiff gesehen worden. 120.000 Modii Linsen dienten als Ballast. Seine Länge nahm die linke Seite des Hafens von Ostia zum großen Teil ein. Dort wurde es nämlich unter Kaiser Claudius mit drei turmhoch darauf gebauten Dämmen aus eigens dafür herbeigebrachter puteolanischer Erde versenkt. Der Mast (Baum) hatte solche Dicke, dass man vier Menschen brauchte, um ihn zu umspannen ..."

Ammianus Marcellinus (ca. 330–395), römischer Historiker, berichtet zur Überführung des zweiten für den Circus Maximus in Rom bestimmten Obelisken, dass dieser in Alexandria auf ein mit 300 Ruderern bemanntes Schiff von bis dahin unbekannter Größe geladen worden war[86].

Weiteres ist nicht überliefert. Wie die Schiffe konstruiert waren, mit denen die in Rom stehenden Obelisken von Alexandria aus über das Mittelmeer transportiert wurden und wie man sie beladen hatte, ist nicht bekannt. Plinius erwähnt in seinen Berichten zwei Obeliskenschiffe, was aber nicht ausschließt, dass noch weitere gebaut worden sind. Das erste der beiden Schiffe übergab Augustus der Werft in Puteoli, wo es nach einigen Jahren durch Feuer vernichtet wurde. Das zweite Schiff, gebaut unter Caligula, ließ dessen Nachfolger Claudius im Hafen von Ostia versenken.

Sueton (ca. 70–140), römischer Schriftsteller, berichtet zu diesem Vorgang[87], dass das Schiff versenkt wurde, um der Hafenmole ein festes Fundament zu geben und dass man über dem Schiff auf Pfeilern einen Leuchtturm nach dem Vorbild des Pharos in Alexandria gebaut hat.

Plinius kennt die Fracht des zweiten Schiffes: der Vatican-Obelisk, seine vier Sockelsteine und als Ballast 120.000 Modii Linsen. Die Notwendigkeit, auf dem ohnehin schwer beladenen Schiff Ballast mitzuführen, ist unterschiedlich erklärt worden. So sollen Linsen in Säcken um den im Inneren des Schiffes liegenden Obelisk gestaut worden sein um zu verhindern, dass er seine Lage verändert, wenn das Schiff in schwerer See rollt[88]. Nach anderer Meinung lag der Obelisk auf dem Deck, und der Ballast war erforderlich, um das Schiff zu stabilisieren[89]. Auf welche Weise der Obelisk in oder auf das Schiff gebracht werden konnte, ist nicht erklärt worden.

Zur Kennzeichnung der Größe des Obeliskenschiffs haben der Historiker Cesare D'Onofrio[90] und die Experten für den Schiffbau in der Antike Cecil Torr[91] und Lionel Casson[92] das Gewicht der Fracht ermittelt.

	D'Onofrio	Torr	Casson
Obelisk	330 t	gesamt	322 t
Sockel	175 t	497 t	174 t
Ballast	1050 t	800 t	800 - 900 t
Gesamt	1555 t	1300 t	ca. 1300 t

Tabelle 4 Die Fracht des Caligula-Obeliskenschiffs

Die Frage, welchen Tiefgang ein mit 1300 Tonnen beladenes Schiff hatte, und ob es möglich war, das Schiff den Tiber aufwärts zu treideln, ist nicht untersucht worden. Es wird sich zeigen, dass es keine Obeliskenschiffe gab, die 1300 Tonnen Fracht tragen konnten und dass diese Annahme auf einem Missverständnis beruht.

4.3 Archäologische Untersuchungen im Hafen *Portus*

Bei Tiefbauarbeiten am südlichen Rand des Flughafen Fiumicino bei Rom erkannte man 1957 auf der Fläche des ab 42 n. Chr. unter Kaiser Claudius gebauten Seehafens *Portus* das Ende der ehemals ‚linken', d. h. westlichen Mole. Die Krone der Mole lag 1,5-2,2 Meter über dem früheren Wasserspiegel. Auf den Steinen der Mole haben sich Spuren des Turms erhalten, der die Einfahrt in den Hafen kennzeichnete. Ab 1959 wurde der Bereich von Otello Testaguzza untersucht, und die nachstehenden Angaben sind seinem Bericht entnommen[93]. Neben der Mole befindet sich eine verfestigte Schüttung, die aus ‚pozzolanischem Beton', Kalkstein und Tuffstein besteht und zur Hafenseite hin eine Wand hat, an der dicht an dicht Abdrücke von Bohlen erkennbar sind. Entlang der Wand befinden sich in regelmäßigen Abständen Balkenlöcher. Testaguzza identifiziert die Wand als Abdruck der backbordseitigen Bordwand des mit dem Bug nach Westen gerichteten römischen Obeliskenschiffs (Bild 46). Mole und Schiffsachse bilden einen Winkel von 10°, und in einem Abschnitt ist die Bohlenwand zugleich die hafenseitige Wand der Mole. Die Lage der nicht sichtbaren steuerbordseitigen Bordwand erschließt Testaguzza aus der Abfolge von Spalten zwischen den Steinen der Molenkrone. Der Abstand zwischen den (Bord-)Wänden beträgt 20,3 Meter. Die Fläche zwischen den Wänden wird nur im Bugbereich – auf eine Länge von ca. 25 Metern – von der Betonschüttung ausgefüllt. Im Bereich zum Heck hin befindet sich, symmetrisch zur Schiffsachse, eine 10 Meter breite „interne, betonfreie Fläche", die Testaguzza als Anlegeplatz deutet. Wo sich das Heck befindet ist unklar, denn die so gedeutete Bordwand schneidet in die Bohlenwand ein und verläuft in der Betonschüttung weiter. Trotz dieses vagen Befundes gibt Testaguzza als Länge des Schiffes über alles 104 Meter und in der Wasserlinie 90 Meter an.

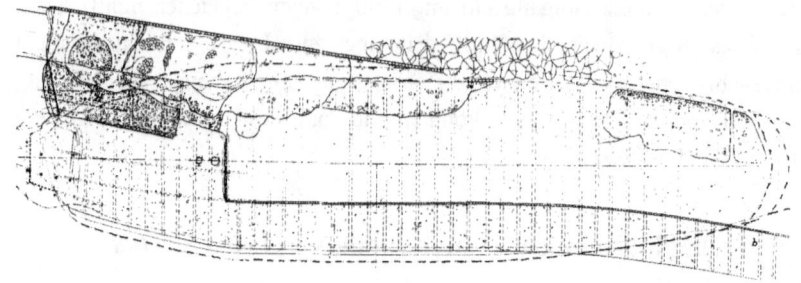

Bild 46 Grundriss des römischen Obeliskenschiffs (Testaguzza, 93)

Die Höhe der Betonschüttung, d. h. die Höhe der backbordseitigen Wand, liegt 1,5-2,0 Meter über dem ehemaligen Wasserspiegel. Unterhalb der Betonschüttung, deren Dicke nicht genannt ist, befindet sich verfestigter, grober Sand. Spuren, die den Abschluss des Schiffes nach unten anzeigen, hat man bis „ein paar Meter" unter dem Wasserspiegel nicht gefunden. Der Abstand der Wände und die Wassertiefe 7,0-7,5 Meter sind die einzigen Anhaltspunkte für die Zeichnung des Querschnitts (Bild 47).

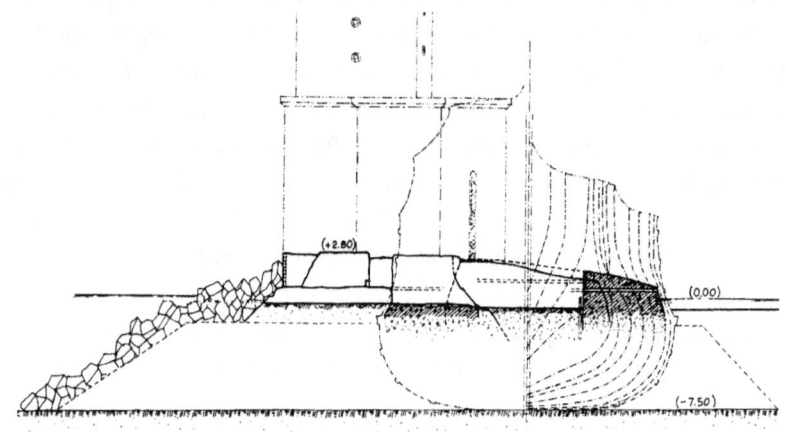

Bild 47 Querschnitt des römischen Obeliskenschiffs (Testaguzza, 93)

Auf Grund der Länge und Breite des Schiffes schätzt Testaguzza die Höhe auf 12,5 Meter und meint, dass es einen Laderaum und 5 Decks hatte. Begründungen für das Missverhältnis der Längen von Obelisk und Schiff und für 12 Meter hohe Bordwände enthält der Bericht nicht.

Casson[94] teilt Testaguzzas Untersuchungsergebnisse lediglich in einer Fußnote mit: „His identification of the stern and the starboard side, which leads him to assign the size 104 m × 20,3 m is by no means as sure." Bei kritischer Wertung des Befundes wäre mit den Fakten auch vereinbar, dass es sich bei der Betonschüttung mit Abdrücken um eine in Holz eingefasste, auf Pfeilern gebaute Plattform handelt. Die Pfeiler könnten auf mehreren nebeneinander und hintereinander versenkten Schiffen errichtet worden sein.

Bemerkenswert ist auch Testaguzzas Übersetzung der Plinius-Texte:

	Plinius	Testaguzza
Nat. Hist. 36 14, 70	... in ipsa turribus Puteolis e pulvere exaedificatis...	... edificandovi sopra una torre a più ripiani con inerti di Pozzuoli...
Nat. Hist. 16 76, 202	... cum tribus molibus turrium altitudine in ea exaedificatis obiter Puteolano pulvere advectisque.	... per edificarvi sopra una torre (il faro) composta di tre ripiani con inerte trasportato appositamente da Pozzuoli.

Plinius sagt nicht, dass das Schiff versenkt wurde, um darauf einen aus drei Stufen bestehenden Turm zu errichten, sondern dass das Schiff mit drei turmhoch gebauten Dämmen aus puteolischer Erde versenkt wurde. Dies unbedeutend erscheinende Detail wird sich als wichtiges Indiz bei der Rekonstruktion des römischen Obeliskenschiffs erweisen.

4.4 Die Römer lernten von den Ägyptern

Mit Augustus begann Roms glänzendste Epoche, und das Imperium expandierte nördlich der Alpen. Unmittelbar nach der Rückkehr des Prinzeps von einem Feldzug in Gallien 13 v. Chr. beschloss der römische Senat, auf dem Marsfeld einen Altar für die Friedensgöttin *Pax Augusta* zu errichten und eine platzgroße Sonnenuhr zu bauen mit einem Obelisk als Schatten werfendem Gnomon[95]. Erweitert wurde das Vorhaben noch um die Planung zur Überführung eines zweiten Obelisken und dessen Aufstellung im Circus Maximus. Die Weihung der Obelisken wurde zum Gedenken an den Sieg über Ägypten für 10 v. Chr. geplant, und die Bau-Vorbereitungen begannen unverzüglich. Dass in demselben Jahr, in dem der Senat den Beschluss fasste, in Alexandria der erste von zwei Obelisken aufgerichtet wurde, weist darauf hin, dass beiden Obelisken-Projekten eine abgestimmte Planung zugrunde lag. Hierfür spricht auch die Übertragung des ägyptischen Symbolgehaltes: Auch in Rom wurden zwei Obelisken aufgestellt, verkündeten wie in Ägypten den göttlich legitimierten Machtanspruch des Herrschers und wurden dem Sonnengott geweiht. In kultischer Hinsicht stand das Vorhaben in Rom nicht im Widerspruch zur eigenen Tradition. Sol, dem beide Obelisken geweiht wurden, wie auf Inschriften zu lesen ist, war der italische Sonnengott und war auch der Schutzgott des Circus Maximus. In der Dedikation der Obelisken trafen sich die Sonnenkulte Ägyptens und Roms.

Die ideellen Übereinstimmungen und die nahezu gleichzeitige Aufstellung der vier Obelisken in beiden Ländern lassen ein von Römern und Ägyptern gemeinsam durchgeführtes Projekt erkennen. Das Teilprojekt in Ägypten wurde mit so knappem Vorlauf verwirklicht, dass gerade noch Zeit blieb, um die technischen Methoden vor Ort zu studieren – vor allem den Transport mit Schiffen – und die Realisierbarkeit in Rom zu beurteilen[96]. Bedenkt man den Zeitbedarf für das Niederlegen eines Obelisken, für seinen Transport und für das Wiederaufrichten und gruppiert die für vier Obelisken benötigten Zeiten um die historisch verbürgten Daten – Aufstellung in Alexandria 13-12 – Beschluss in Rom 13 – Weihung in Rom 10 – lässt sich der Ablauf in beiden Ländern als Gesamtprojekt rekonstruieren.

Vorbereitungsphase in Rom	Jahr v. Chr.
Vorgabe des Projektes mit dem Einverständnis des Prinzeps	15
Sicherheit hinsichtlich der technischen Realisierbarkeit	13
Beschluss des Senates	13
Projekt: 2 Obelisken in Ägypten aufstellen	
Niederlegung von 2 Obelisken in Heliopolis	15 und 14
Transport der Obelisken nach Alexandria	15 und 14
Aufstellung der Obelisken	13 und 12
Projekt: 2 Obelisken in Rom aufstellen	
Baubeginn in Rom mit vorbereitenden Arbeiten	13
Niederlegung von 2 Obelisken in Heliopolis	13 und 12
Transport der Obelisken nach Alexandria	13 und 12
Weitertransport der Obelisken nach Rom	12 und 11
Aufstellung der Obelisken	11 und 10
Weihung der Obelisken	10

Tabelle 5 Der Zeitplan des römisch-ägyptischen Obelisken-Projektes

Der Zeitrahmen vom Start etwa 15 v. Chr. in Ägypten bis zum Zieltermin in Rom war knapp kalkuliert. Jahr um Jahr musste in Heliopolis ein Obelisk niedergelegt und mit der Nilflut im Spätsommer nach Alexandria geschafft werden. Die für Rom vorgesehenen Obelisken wurden in der Segelsaison des folgenden Jahres weitertransportiert. Für den Transport der Obelisken über das Mittelmeer müssen zwei Jahre angesetzt werden – 12 und 11 v. Chr. –, weil Schiffe allenfalls dreimal pro Jahr das Mittelmeer überqueren konnten und dann entweder in Ägypten oder in römischen Häfen überwintern mussten[97]. Daraus ergibt sich, dass nach dem Studium der Transport-Methode auf dem Nil 15 v. Chr. für Entwurf, Bau und Überführung des Schiffes nur die Jahre 14 und 13 v. Chr. zur Verfügung standen. Wegen dieser kurzen Zeitspanne ist auszuschließen, dass der Schiffbau einen Entwicklungssprung hin zu Schiffen von 1000 Tonnen Tragfähigkeit machte[98]. Die Aufgabe konnte nur bewältigt werden, indem die römischen Schiffbauer die Methode und die Erfahrungen der Ägypter nutzten und die ägyptische Doppelschiff-Technologie auf den Transport über das Mittelmeer anwandten. Die Erkenntnisse zum Obeliskenschiff in Ägypten liefern den Ansatz für die Rekonstruktion des römischen Obeliskenschiffs.

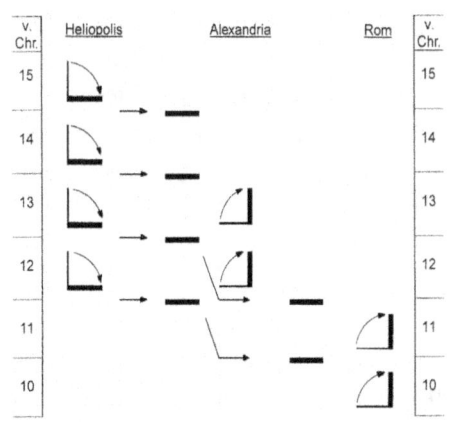

Bild 48 Der Ablaufplan des Obelisken-Projektes

4.5 Das Obeliskenschiff – rekonstruiert als Doppelschiff

Die Anforderungen, die der Transport von Obelisken über die offene See stellte, unterschieden sich in einem Punkt fundamental von den Anforderungen auf dem Nil. Auf dem Nil machten die Schiffe, weil sie von der Strömung bewegt wurden, zwar ‚Fahrt über Grund', aber kaum ‚Fahrt durchs

79

Wasser'. Die Form der doppelten Doppelschiffe brauchte nicht strömungsgünstig zu sein. Es entsprach den Anforderungen, wenn das doppelte Doppelschiff in der Draufsicht die Form eines Rechtecks hatte. Auf der offenen See ist dagegen Fahrt über Grund gleichbedeutend mit Fahrt durchs Wasser, und für den Vortrieb war Ruderkraft und Windkraft erforderlich. Zwei Schiffskörper nebeneinander, zwischen denen der Obelisk im Wasser hing, waren für sich allein ungeeignet. Um das Obeliskenschiff seetüchtig zu machen, musste der Rumpf eine gestreckte, hydrodynamisch günstige Form erhalten. Dies konnte mit einem dritten Schiff erreicht werden, das in der Mitte vor die beiden tragenden Schiffe gebaut wurde. Es wird deshalb – zunächst hypothetisch – davon ausgegangen, dass das römische Obeliskenschiff aus drei Schiffskörpern bestand: aus den beiden tragenden ‚Achterschiffen' und dem mittig vorgebauten ‚Vorschiff'.

Bei der Beantwortung der Frage, aus welchem Schiffstyp das Obeliskenschiff entwickelt wurde, ist zunächst festzustellen, dass das Schiff in der Wasserlinie 30 Meter lang sein sollte, um auf eine Länge Wasser zu verdrängen, die der Länge eines Obelisken entspricht. Darüber hinaus sollte es möglichst auf dieselbe Länge gerade Bordwände haben. Seegehende Handelsschiffe jener Zeit hatten zwar die erforderliche Länge in der Wasserlinie, doch waren die Bordwände stark gerundet, und zwei Schiffe als Doppelschiff wären zu groß und zu schwerfällig. So wird für das Mahdia-Schiff die Länge über alles zu 40,6 Metern, die Breite in der Mitte zu 13,8 Metern und die Tragfähigkeit zu mehr als 400 Tonnen angegeben[99]. Als Ausgangstyp geeignet erscheint ein Schiff wie die Trireme, die bei einer Länge von 37 Metern auf 30 Meter Wasser verdrängte und 24 Meter lange, gerade Bordwände hatte[100]. Sowohl steuerbordseitig als auch backbordseitig arbeiteten drei Reihen Ruderer. Im östlichen Mittelmeer war die Trireme ein seit Jahrhunderten bewährtes, mit einem Rammsporn aus Bronze ausgerüstetes Kampfschiff, aber auch die römische Trireme ist archäologisch nachgewiesen. Während die athenische Trireme in den 80-er Jahren des 20. Jhs. in natürlicher Größe nachgebaut werden konnte (Bild 49), gibt es hinsichtlich der römischen Trireme Unklarheiten, auch wurden wohl zwei Trireme-Typen gebaut[101]. Auf schiffbautechnische Unterschiede braucht hier aber nicht eingegangen zu werden.

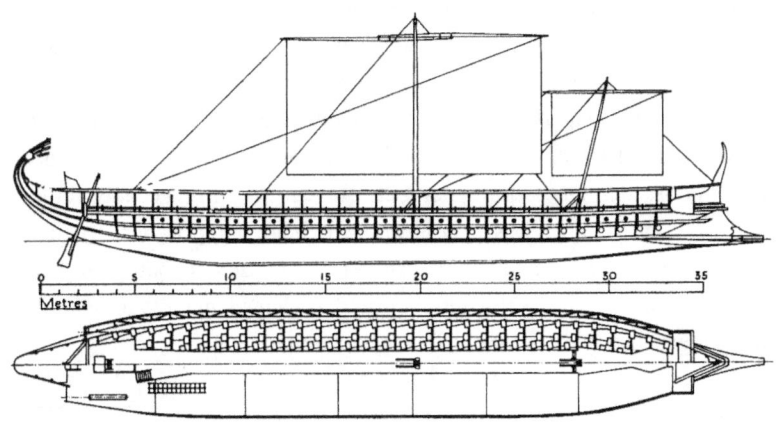

Bild 49 Die athenische Trireme (Coates, 104)

Der Querschnitt des Unterschiffes war bei 3,5 m Breite in der Wasserlinie für den Transport eines Obelisken zu klein, doch ließ sich ein Schiff mit größerer Wasserverdrängung aus der Trireme entwickeln, indem geschlossene Bordwände anstelle der Bordwände mit Ruderpforten gebaut wurden (Bild 50). Es entstand dadurch zusätzlich ein Raum, der bei Belastung des Schiffes Wasser verdrängte und Auftrieb erzeugte.

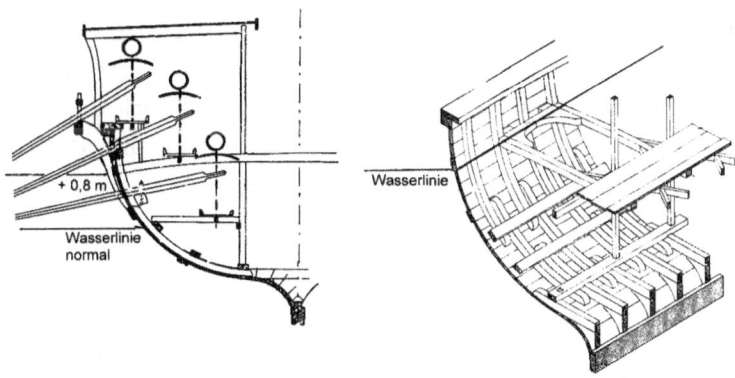

Bild 50 Die Trireme mit und ohne Ruderpforten (Coates, l. 100, r. 104)

Tauchte das Schiff bis zur Höhe der Decksbalken ein, die der mittleren Reihe der drei Reihen Ruderpforten entspricht, betrug der Tiefgang etwa 2 Meter. Die Wasserverdrängung von zwei an den Steven verbreiterten Triremen als Teil-Schiffe des Doppelschiffs reichte aus, um die Obelisken 12-11 v. Chr. nach Rom zu schaffen. Um den 330 Tonnen schweren Vatican-Obelisk zu tragen, musste der Querschnitt der Schiffe jedoch füllig gebaut werden[102] (Bild 51). Eine Tragwerk-Konstruktion wie beim ägyptischen Obeliskenschiff war wegen der kompakten und steifen Bauweise der römischen Schiffe nicht erforderlich. Der Obelisk hing an rund 7 Meter langen Querbalken, die in den Längsachsen der Teil-Schiffe abgestützt waren.

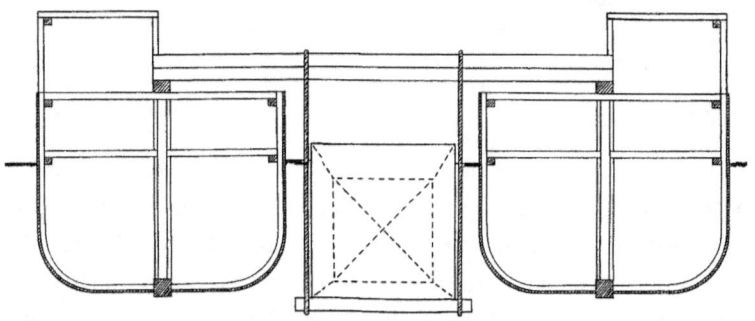

Bild 51 Die Trireme mit fülligem Querschnitt (Morrison, 102)

Im mittig vorgebauten Schiff arbeiteten Ruderer, doch mussten am Heck einige Ruderplätze entfallen, weil sie außenbords keinen Aktionsraum hatten (Bild 52). Dadurch verminderte sich die bei der athenischen Trireme standardmäßig vorhandene und bei der römischen Trireme anzunehmende Anzahl Ruderer von 170 auf weniger als 160 Ruderer.

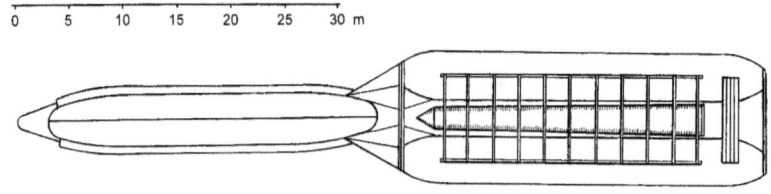

Bild 52 Das römische Obeliskenschiff – rekonstruiert als Doppelschiff

Zu bedenken ist auch, dass die Trireme als Hochgeschwindigkeits-Kampfschiff weniger als 0,5 Meter Freibord hatte. Hergerichtet für die Langfahrt, mussten die unteren Ruderpforten geschlossen werden, so dass 1 Meter Freibord vorhanden war. Beidseitig in zwei Reihen sitzend, konnten auf dem vorgebauten Schiff etwa 100 Ruderer gleichzeitig Dienst tun. Die Trireme war mit einem Rigg ausgestattet, doch hatten Segel beim Gefecht keine Bedeutung. Auf dem langsam fahrenden Obeliskenschiff war Wind dagegen eine nützliche Kraft, und es darf angenommen werden, dass auf dem Vorschiff ein Mast stand, der ein großflächiges Segel trug.

Die Mitteilung von Ammian, dass das Schiff, mit dem der zweite Obelisk des Circus Maximus, der Lateran-Obelisk, nach Rom geschafft wurde, mit 300 Ruderern bemannt war, passt gut zu 100 Ruderplätzen, wenn angenommen wird, dass die Besatzung in drei Mannschaften zu je 100 Ruderern eingeteilt war. Die nächste Frage ist dann, wo sich die Ruderer aufhielten, wenn sie nicht arbeiteten. Zu bedenken ist auch, dass für mindestens 350 Seeleute während der länger als 14 Tage dauernden Fahrt große Mengen an Wasser und Lebensmitteln benötigt wurden. Einen Hinweis darauf geben die Erfahrungen, die während der Fahrten mit der rekonstruierten *Trireme Olympias* gemacht wurden[103]. Jedes Mitglied der Rudermannschaft war gehalten, einen Liter Wasser je Stunde zu trinken, und an einem Tag mit 10 Ruder-Stunden wurden 1,7 Tonnen Wasser benötigt. Um die Vorräte des Obeliskenschiffs unterzubringen, waren begleitende Frachtschiffe erforderlich, und auf diese Schiffe stiegen die Ruderer in ihrer dienstfreien Zeit über. Man hat sich den Transport eines Obelisken über das Mittelmeer als eine Konvoi-Fahrt vorzustellen. Weil die begleitenden Schiffe durchweg unter Segeln fuhren und schneller vorankamen als das Obeliskenschiff, ist mit guten Gründen anzunehmen, dass die Frachtschiffe mit langen Seilen in zwei Linien vorgespannt wurden. Hiervon ausgehend, mag man versucht sein zu überlegen, wie der Konvoi segeltechnisch organisiert war und wie man das Manöver des Mannschaftwechsels ohne Fahrtunterbrechung ausführte, doch kämen solche Überlegungen über Vermutungen nicht hinaus.

Eine Gefahr für das Obeliskenschiff könnte darin gesehen werden, dass sich die tragenden Schiffe im Seegang verwinden. Das war jedoch nicht der Fall. Weil der tief eingetauchte Obelisk quer laufende Wellen neutralisierte und die Schiffe ebenfalls tief eintauchten, krängten sie kaum, und weil die Masse des Obelisken die Schiffskörper auf ganzer Länge ins Wasser drückte, waren stampfende Bewegungen nicht möglich. Gegen Auseinanderdriften sicherten Verbände am Bug und Heck.

Einer besonderen Überlegung bedarf die Frage, wie das Vorschiff vorgebaut war. Auszuschließen ist, dass man die Schiffskörper mit festen Verbänden zu einem 60 Meter langen Schiff zusammenfügte, denn die Trireme konnte schon als Einzelschiff bei Seegang infolge der Biegespannungen undicht werden[104]. Die Lösung sehe ich darin, dass man das Vorschiff mit kurzen Seilen vorspannte. Auf diese Weise verbunden, hatte das Schiff als ganzes eine gestreckte Form, doch konnte das Vorschiff in der Welle elastisch reagieren. Die Konstruktion kann aufgefasst werden als eine besondere Art Schleppverband, aber auch als eine Schiffseinheit mit einem Gelenk, das Drehungen des Hecks um eine horizontale Achse und Bewegungen in der Höhe ermöglichte.

Das Umladen vom Nilschiff auf das Seeschiff fand im Hafen von Alexandria statt, der über einen Kanal mit dem bei Rosette ins Mittelmeer mündenden Nilarm verbunden war. Die Teil-Schiffe des ägyptischen Schiffes wurden abgesenkt, bis der Obelisk auf einer Steinrampe aufsetzte. Um ihn auf das römische Schiff zu laden, löste man die Seile zum Vorschiff und senkte die Achterschiffe ab. Die zum Absenken der Achterschiffe benötigte Menge Ballast war abhängig vom Gewicht des Obelisken, von seiner Lage relativ zum Wasserspiegel nach dem Absetzen vom Nilschiff und von seiner Lage relativ zum Seespiegel während des Transportes. Lag der Obelisk tief im Wasser, musste man die Achterschiffe tief absenken, um ihn in der geplanten Höhe an den Querbalken fixieren zu können. Im günstigsten Fall benötigte man als Ballast 2 Drittel vom Obelisk-Gewicht, entsprechend dem Gewicht im Wasser. Je höher der Obelisk angehoben werden sollte, oder auch, je näher er an den Querbalken fixiert werden sollte, desto tiefer mussten die Achterschiffe abgesenkt werden und umso mehr Ballast wurde benötigt.

Maßgebend für alle Überlegungen waren aber die ungünstigen Bedingungen am Ziel der Fahrt. Vor der Mündung des Tibers bei Ostia befand sich eine Sandbarriere, die von Schiffen mit großem Tiefgang nicht überwunden werden konnte. Die Fracht von großen Handelsschiffen musste vor der Barriere auf kleinere Schiffe umgeladen werden[105]. Zu folgern ist, dass der Obelisk nicht tiefer im Wasser hängen durfte als der Tiefgang der beladenen Achterschiffe ausmachte. Es war erforderlich, ihn so anzuheben, dass seine untere Seite parallel zum Kiel verlief. Nimmt man an, dass die Achterschiffe 2 Meter tief eintauchten, befand sich der Vatican-Obelisk zwar am Pyramidion (b = 1.80 m) unter Wasser, nicht aber an der Basis (a = 2.80 m). Um den Obelisk an den Achterschiffen parallel zum Kiel zu fixieren, mussten diese am Heck tiefer abgesenkt werden als am Bug.

Informationen darüber, wie das Obeliskenschiff den Tiber aufwärts bewegt wurde, gibt es nicht. Ammian berichtet nur, dass der Transport den Tiber aufwärts außerordentlich große Schwierigkeiten bereitete. Anzunehmen ist, dass in der Tibermündung die Seile zum Vorschiff gelöst wurden und dass man die Achterschiffe treidelte, wie andere Frachtschiffe auch.

Bemerkenswert ist die Mitteilung von Edmund Buchner[106], er habe bei seinen Ausgrabungen auf dem Marsfeld die Spuren eines Kanals gefunden habe, auf dem seiner Meinung nach der Obelisk des *Horologium Augusti* transportiert worden war. Buchner vermutet, dass man das Schiff mit dem Obelisk in einer Schleuse vom Tiber aus auf das 8-10 Meter höhere Niveau des Aufstellplatzes gehoben hatte.

Die Überlegungen zum Transport über das Mittelmeer zusammenfassend, lautet die Hypothese:

Die Schiffe, mit denen 12-11 v. Chr. und nach 37 n. Chr. Obelisken nach Rom transportiert wurden, bestanden aus zwei tragenden Achterschiffen und einem mittig vorgespannten dritten Schiff, das dem Schiff als ganzes eine strömungsgünstige Form gab und einen Beitrag zum Vortrieb lieferte.

Anzunehmen ist, dass sich die römische Doppelschiff-Technologie bewährte und deshalb auch bei der Überführung der Obelisken nach Rom und Konstantinopel im 4. Jahrhundert angewendet wurde.

Die Hypothese wird anhand der im Kapitel 4.2 zitierten Berichte von Plinius, Sueton und Ammianus Marcellinus geprüft,

4.6 Bestätigen die zeitgenössischen Texte die These?

Schon in Augusteischer Zeit gab es Vorstellungen von einem neuen Hafen für das aufstrebende Rom. Aber erst Kaiser Claudius verwirklichte nach dem Beginn seiner Herrschaft im Jahr 41 das Projekt eines Seehafens bei Ostia, der dem Aufschwung des Fernhandels entsprach. Das Obeliskenschiff, mit dem unter Gaius Julius Caesar, genannt Caligula, der Vatican-Obelisk transportiert worden war, wurde, wie andere Schiffe auch, auf der Hafen-Baustelle versenkt, um als Fundament eines Bauwerks zu dienen.

Als das Schiff von Puteoli bei Neapel zum neuen Hafen überführt wurde, befand sich das Bauvorhaben in einem fortgeschrittenen Stadium, denn es war möglich, dem Augenschein nach die Länge des Obeliskenschiffs mit der Größe des Hafens zu vergleichen[107]. Das Schiff *nahm die linke Seite des Hafens zum großen Teil ein* (Bild 53). Der Vergleich besagt, dass es länger war, als jedes andere bis dahin gebaute Schiff, und der Vergleich war sinnvoll bei einem Schiff, das die doppelte Länge der langen Kampfschiffe hatte. Dem im Hafen liegenden Obeliskenschiff war nicht anzusehen, dass es aus einem Vorschiff und zwei Achterschiffen zusammengefügt war. Warum man die drei Schiffe mit starren Verbänden zu einer Einheit verbunden hatte, wird weiter unten erläutert.

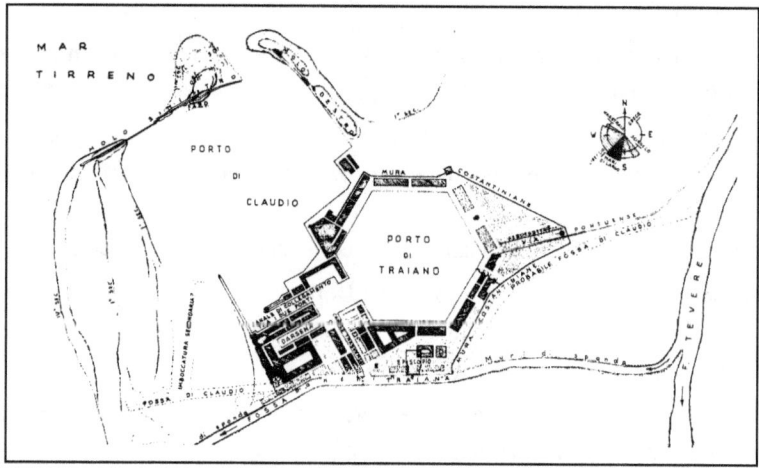

Bild 53 Der Claudius-Hafen *portus* bei Ostia (Testaguzza, 93)

Der Eindruck, den das Schiff auf Betrachter machte, war enorm: *Sicherlich ist auf dem Meer nichts Staunenswerteres gesehen worden.* Es war erstaunlicher als alles, was jemals auf dem Meer gesehen wurde. Die Länge allein konnte solchen Eindruck kaum bewirken. Es muss die Andersartigkeit des Schiffes gewesen sein, die das Staunen erklärt, ein Aussehen, das unverständlich war. Der Betrachter sah nicht nur ein Schiff, das doppelt so lang war wie die langen Kampfschiffe, es war zudem von der Mitte an bis zum Heck erheblich breiter als im vorderen Bereich. Von achtern gesehen hatte das Schiff die dreifache Breite eines traditionellen Langschiffs. Dass zwei Schiffe im Abstand von knapp vier Metern nebeneinander fuhren, war nicht erkennbar, weil die Achtersteven durch Bohlen verbunden waren.

Ammians Mitteilung, dass das Obeliskenschiff *mit 300 Ruderern bemannt* war, erscheint als nicht glaubhaft. Wie die Angabe jedoch zu verstehen ist, wurde bereits erläutert. Das Schiff sollte auch bei Flaute Fahrt machen und musste bei ungünstiger Windrichtung auf dem Kurs gehalten werden. Zweckdienlich war deshalb bei 100 Ruderplätzen eine Besatzung, die in drei Mannschaften zu je 100 Ruderern eingeteilt werden konnte.

Als Mast war ein Baum von solcher Dicke hergerichtet worden, dass man *vier Menschen brauchte, um ihn zu umspannen,* womit gemeint ist, dass vier Männer ihre Arme auf die Schultern der Nachbarn legen mussten, um ihn zu umspannen: Durchmesser ca. 0,9 m[108]. Diese Angabe ist zwar übertrieben, bestätigt aber die Annahme eines großflächigen Segels. Wesentlicher noch ist der Hinweis auf den Mast an sich. Aus Gründen der Symmetrie könnte kein Mast aufgestellt werden, wenn das Schiff eine geschleppte Schute wäre und der Obelisk in der Längsachse läge oder wenn er zwischen zwei Schiffen ohne ein vorgebautes Schiff im Wasser hängen würde. Die Ausrüstung des Schiffes mit einem großen Mast war nur möglich, wenn es aus drei Teil-Schiffen bestand, weil dann der Mast im Vorschiff aufgestellt werden konnte.

Die Mitteilung, auf dem Schiff, das *den im Vatikanischen Zirkus aufgestellten Obelisk und seine vier zur Unterlage dienenden Blöcke* nach Rom brachte, hätten *120.000 Modii Linsen als Ballast* gedient, hat in zweifacher Hinsicht zu Missverständnissen geführt. Zum einen ist keineswegs zwingend anzunehmen, dass der 330 Tonnen schwere Obelisk und die 175 Tonnen schweren Sockelsteine gleichzeitig transportiert wurden. Plinius sagt nur, dass das Schiff den Obelisk und die vier Sockelsteine nach Rom gebracht hat und lässt offen, ob das zur gleichen Zeit geschah. Es ist kein Grund dafür ersichtlich, zusammen mit dem extrem schweren Obelisk Sockelsteine mit dem Gewicht eines kleineren Obelisken zu transportieren; auch ließe sich das aus schiffstechnischen Gründen kaum realisieren. Die vier Sockelblöcke für sich allein nach Rom zu schaffen, war dagegen problemlos möglich.

Zum anderen hat die Annahme, 800 Tonnen Ballast seien zusätzlich zur Nutzlast an Bord gewesen, zu Fehlschlüssen bei der Abschätzung der Tragfähigkeit des Schiffes geführt. Dennoch ist der Hinweis auf eine ungewöhnlich große Menge Ballast von Bedeutung und ein Indiz für die Konstruktion des Schiffes. Der Ballast wurde zum Absenken des Schiffes beim Beladen gebraucht. Nachdem das ägyptische Doppelschiff den Monolith unter der Wasseroberfläche abgelegt hatte, musste das römische Doppelschiff ihn zum Teil aus dem Wasser heben – an der Basis annähernd einen Meter hoch. Es ist klar, dass hierfür eine große Menge Ballast, wenn auch nicht 800 Tonnen, benötigt wurde. Glaubhaft ist, dass Linsen oder anderes Sackgut verwendet wurde, denn Säcke konnten von den im Stauen geübten Trägern leicht an Bord gebracht, dort vorübergehend gelagert und anschließend auf Handelsschiffe umgeladen werden.

Indizien für die Konstruktion des Obeliskenschiffs liefern auch die Angaben zu seiner Versenkung im Hafen *Portus*. Das Schiff war mit puteolischer Erde beladen, als es überführt wurde, und man hat es des Hafens wegen versenkt, also zur Herstellung eines Hafen-Bauwerks. Erde aus Puteoli war ein technischer Begriff für vulkanische Asche, die, mit Kalk und Sand gemischt, ein hydraulischer Mörtel ist. Unter Wasser härtete das Material zu Beton und wurde vielfach beim Bau von Häfen verwendet[109]. Was die Mitteilung aber so wertvoll macht, ist das geschilderte Bauverfahren, weil es allein beim Obeliskenschiff in seiner Ausprägung als Doppelschiff sinn-voll war. Man hatte nicht, wie sonst üblich, die Rumpfschalen mit Mörtel gefüllt und dann versenkt, sondern vor dem Versenken auf dem Schiff *Türme aus der Erde von Puteoli* errichtet. Das Obeliskenschiff wurde mit *turmhoch darauf gebauten Dämmen aus puteolanischer Erde* auf Grund geschickt. Was bedeutet diese Angabe in Kenntnis der römischen Transport-Technologie?

Man hat sich die turmhohen Dämme nicht als Beton-Schüttungen vorzustellen, sondern als hohe wandartige Caissons. Es waren Schalungen aus Holz, zwischen denen das Baumaterial festgestampft wurde. Beim Versenken des Doppelschiffs setzten die Teil-Schiffe auf dem Boden auf, ohne sich zur Seite zu neigen. Danach ragten wandartige Pfeiler senkrecht zur Wasseroberfläche auf. Ein Einzelschiff hätte sich wegen seines gerundeten Bodens zur Seite geneigt und wäre als Basis für senkrechte Pfeiler ungeeignet.

In dem Sinn, dass sich auf dem Schiff wandartige Pfeiler befanden, ist auch Suetons Bericht zu interpretieren: ... *navem ante demersit, ... congestisque pilis superposuit altissimam turrem* Eine Auswahl an Übersetzungen macht deutlich, dass man mit dem Text bisher nichts anzufangen wusste: | Beim Versenken des Schiffs zusammengestürzte Pfeiler (K. Lehmann-Hartleben 1923) | | eine Menge von Pfeilern (H. Ailloud 1957) | | viele Pfeiler (A. Lambert 1960) | | mehrere Pfeiler an den Seiten aufgemauert (A. Stahr und auch W. Krenkel 1965) | | das Schiff mit Pfeilern gesichert (J. C. Rolfe 1970) | | eingerammte Pfeiler (P. Grimal, 1973 und auch H. Martinet 1997) |.

In Kenntnis der römischen Technologie übersetze ich die entscheidenden Worte mit *zusammengehäufte Pfeiler*, d. h. zusammengefügte Pfeiler, eben wandartige Pfeiler oder auch Pfeilerwände. Bei 7,5 Meter Wassertiefe war es sinnvoll, in den Rumpfschalen wandartige Betonpfeiler zu errichten und darüber eine Plattform zu bauen. Diese Plattform – mehrere Meter über dem Obeliskenschiff – kann der von Testaguzza so gedeutete Anlegeplatz sein. Auf dem von ihm beschriebenen Schiff wären dagegen wandartige Pfeiler unverständlich: Das 12 Meter hohe Schiff überragte den Wasserspiegel um mehr als 4 Meter.

Da das Obeliskenschiff als ganzes im Hafen lag, wie aus dem Hinweis auf seine Länge ersichtlich ist, ist davon auszugehen, dass Achterschiffe und Vorschiff zusammen versenkt wurden, nachdem letzteres mit Bohlen fest angefügt worden war. Die Mitteilung, das Schiff sei *cum tribus molibus* versenkt worden, bestätigt es als Einheit von drei Schiffskörpern. Vor dem Versenken hatte man auf dem Schiff drei Caissons errichtet: zwei Caissons auf den beiden Achterschiffen und ein Caisson auf dem Vorschiff.

Als Ergebnis der Auswertung der überlieferten Berichte ist festzustellen, dass alle Angaben mit der zunächst als hypothetisch bezeichneten Bauweise des römischen Obeliskenschiffs als Doppelschiff vereinbar sind. Mehr noch: Die mitgeteilten Fakten sind nur verständlich, wenn man für den Transport über das Mittelmeer ein aus drei Schiffskörpern bestehendes Schiff annimmt. Zwei Schiffe trugen den im Wasser hängenden Obelisk, und das dritte Schiff, mittschiffs vorgespannt, gab dem Schiff als ganzes die gestreckte, strömungsgünstige Form. Auf dem Vorschiff war es möglich, einen Mast zu errichten und 300 Ruderer, gegliedert in drei Mannschaften, einzusetzen.

Zu Kap. 5.1

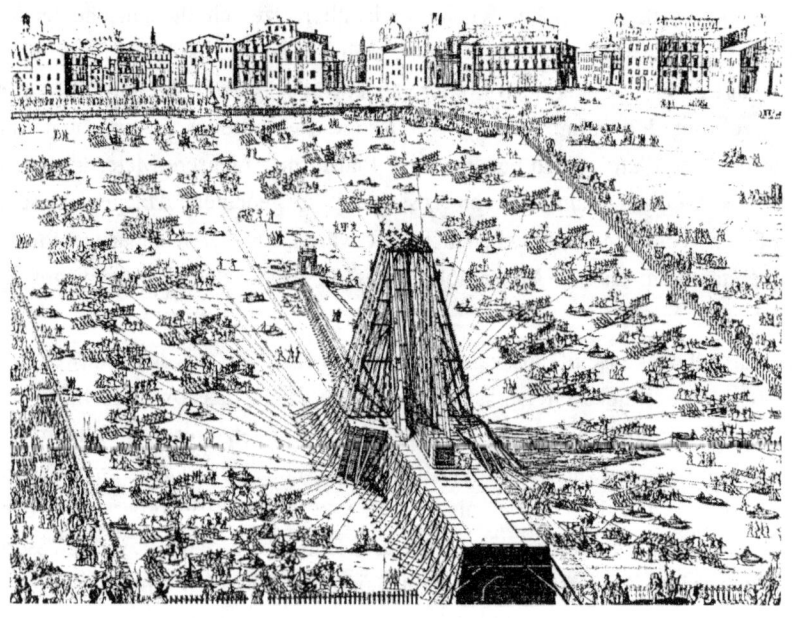

Bild 54 Die ‚Maschine' auf dem Petersplatz 1586 (Carlo Fontana, 78)

5. Aufrichten in Rom

5.1 Obelisken aufrichten – ein römisch-ägyptisches Projekt

In keiner Untersuchung zur Geschichte der Obelisken in Rom wird die Frage erörtert, wie sie nach ihrer Ankunft aus Ägypten aufgerichtet wurden. Dabei könnte es sich anbieten, in Kenntnis von Domenico Fontanas Methode, die er anwandte, als er 1586 den Obelisk vom Circus Vaticanus auf die Piazza di S. Pietro versetzte, die Leistung römischer Ingenieure vergleichend zu würdigen. Auch mit Blick auf die wiederholt diskutierte Aufstellung der Obelisken in Ägypten wäre nach dem Vorgehen bei ihrer Zweit-Aufstellung in Rom zu fragen. Der Grund für das Schweigen ist leicht zu nennen: Wir wissen nicht, wie die Obelisken aufgerichtet wurden. Weniger leicht ist die Frage zu beantworten, warum hierzu nichts überliefert ist, obwohl das Aufrichten der Obelisken um die Zeitenwende eine herausragende Ingenieurleistung war.

Als Fontana den Obelisk anheben ließ, hatten sich am Ort des Geschehens alle versammelt, die in Rom Rang und Namen hatten, wie er schreibt[110]:

> „Fast die ganze Stadt Rom war gekommen, um sich das Unternehmen anzuschauen, alle wichtigen Leute, die in der Stadt weilten und viele Fremde, die aus den verschiedensten Gegenden Italiens gekommen waren, um einem so neuen, ungewöhnlichen Schauspiel beizuwohnen."

Fontana hatte den ganzen Platz vor der im Bau befindlichen Peterskirche zur Maschine gemacht[111] (Bild 54). An 40 Winden arbeiteten 900 Menschen und 75 Pferde. 1 600 Jahre früher war die Aufgabe nicht leichter zu bewältigen.

Auf die Frage, warum über das Aufrichten der Obelisken um die Zeitenwende nicht berichtet worden ist, kann es nur eine Antwort geben: Über die Ereignisse wurde nicht berichtet, weil sie nicht berichtenswert waren, und die Ereignisse waren nicht berichtenswert, weil man sie nicht beachtete. Wären die Obelisken auf ähnlich spektakuläre Weise aufgerichtet worden wie 1586, hätten die zeitgenössischen Historiker das in ihren Berichten kaum übergehen können. Das Vorgehen der Ingenieure muss unauffällig und die Methode somit eine andere gewesen sein. Verständlich wird die Nicht-Beachtung, wenn die Obelisken nach der Schlitzkammer-Methode aufgerichtet wurden. War das der Fall, dann waren Baustellen zu sehen, wie es sie in Rom zu jener Zeit vielfach gab: Mauern und Rampen, die keine ungewöhnlichen Maße hatten[112]. Beispielsweise wurde die Umfassungsmauer des Forum Augustum 30-33 Meter hoch gebaut. Auch der Vorgang des Aufrichtens selbst war nicht auffallend, vergleicht man das Geschehen mit der dynamisch-angespannten Aktion Fontanas. Die Nicht-Beachtung ist somit ein Indiz für die Methode.

Über die beiden Obelisken, die Rom zuerst erreichten und im Circus Maximus sowie auf dem Marsfeld aufgestellt wurden, berichtet Plinius, nennt ihre Standorte und erläutert die Funktion des Obelisken auf dem Marsfeld als Gnomon einer Sonnenuhr. Er teilt mit, dass die Anzeigen des Gnomons nach einigen Jahren ungenau wurden, aber zum Aufrichten der Obelisken sagt er nichts. Plinius berichtet auch über den Obelisk, der unter Caligula nach Rom gebracht wurde, nennt als Aufstellort den Circus Vaticanus, geht dann aber nur auf das Schiff ein. Erst als Ammianus Marcellinus über den größten Obelisken in Rom berichtet, erfahren wir etwas darüber, wie er aufgestellt wurde: mit einem *Wald von Maschinen*. Sein Bericht ist allerdings bis heute unverständlich geblieben.

Drei Jahrzehnte später geschah in Konstantinopel, der Hauptstadt des oströmischen Reichsteiles, heute Istanbul, die einzige technische Katastrophe bei der Aufstellung eines Obelisken. Als Kaiser Theodosius I. 390 den vom Tempel in Karnak überführten Obelisk des Pharaos Thutmosis III. aufrichten ließ, zerbrach er – so der Stand des Wissens. Welche Methode angewendet wurde und warum die Aufstellung missglückte, ist nicht bekannt.

Weil nichts überliefert ist zur Aufstellung der Obelisken in Rom, gibt es nur eine Chance, etwas darüber in Erfahrung zu bringen. So wie die römischen Schiffbauer und Marine-Fachleute 15-14 v. Chr. die ägyptische Methode studierten, Obelisken auf dem Nil zu transportieren, so mögen die römischen Ingenieure 13 v. Chr. die Methode studiert haben, nach der in Alexandria der erste von zwei Obelisken aufgerichtet wurde. Nachdem sich die Obeliskentransporte mit Schiffen über das Mittelmeer und auf dem Nil als methodengleich erwiesen haben, besteht die Chance, das Vorgehen der Ingenieure in Rom aus der in Ägypten angewendeten Methode abzuleiten. Allerdings setzt die beschriebene Kammer-Methode ‚frisch' aus dem Steinbruch geholte Obelisken voraus, während in Alexandria und Rom Obelisken aufgerichtet wurden, die vorher schon in Heliopolis standen. Es wurden ‚gebrauchte' Obelisken ein zweites Mal aufgerichtet, und die hatten keinen Vorsprung am Schaft, der als Gelenkpfanne dienen konnte. Gleichwohl ist der Ansatz richtig, denn in der kurzen Zeit eine eigens entwickelte, römische Methode anzunehmen, hieße zu unterstellen, dass Ingenieure bereit waren, Risiken von unbekannter Größe einzugehen. Derart risikoreiches Handeln wäre heute und war sicher auch damals mit dem Verantwortungsbewusstsein der Beauftragten nicht vereinbar. Das Aufrichten der Obelisken in Rom war deshalb ohne Zweifel ein römisch-ägyptisches Gemeinschaftswerk. Man kann auch noch einen Schritt weiter gehen und annehmen, dass die bautechnische Durchführung ägyptischen Fachleuten unter römischer Aufsicht oblag.

Anhand der Befunde an den Obelisken, die um die Zeitenwende aufgerichtet wurden, wird im Folgenden gezeigt, dass die Schlitzkammer-Methode – an veränderte Randbedingungen angepasst – auch bei der Zweit-Aufrichtung angewendet wurde. Bei der Aufstellung der Obelisken im 4. Jahrhundert wird zusätzlich der bis dahin erreichte technische Fortschritt in die Überlegungen einzubeziehen sein.

5.2 Alexandria und Rom 13-10 v. Chr. – vier Obelisken

Wie schon erwähnt, hat Plinius berichtet[113], dass Ptolemaios II. Philadelphos (reg. 285–246 v. Chr.) einen Obelisk in Alexandria aufstellen ließ, und es gibt keinen Grund, eine andere Methode als die Kammer-Methode mit Gleitangel anzunehmen. Dasselbe gilt für den Obelisk, den Octavian 30 v. Chr. in Alexandria fertig zur Aufstellung vorfand. Bei der Zweit-Aufrichtung der beiden in Heliopolis niedergelegten und somit ‚gebrauchten' Obelisken 13-12 v. Chr. in Alexandria und der beiden anderen 11-10 v. Chr. in Rom musste das Verfahren jedoch modifiziert werden, und diese Modifikation ist auch bei dem Obelisk von 30 v. Chr. zu bedenken, als er nach 37 n. Chr. im Circus Vaticanus zum zweiten Mal aufgestellt wurde.

Von den um die Zeitenwende in Ägypten und Rom aufgestellten Obelisken stürzten in den folgenden Jahrhunderten nur zwei nicht um. Zum einen ist das einer der Obelisken, die in Alexandria aufgestellt worden waren und zum anderen der Obelisk im Circus Vaticanus. Nur diese beiden *in situ stehend überkommenen Obelisken* können verlässliche Hinweise zur Methode liefern, nach der man sie zum zweiten Mal aufgerichtet hat. Beide Monolithe wurden in der Neuzeit noch ein drittes Mal umgesetzt. Den Vatican-Obelisk versetzte Domenico Fontana rund 200 Meter weiter auf den Petersplatz und den alexandrinischen Obelisk brachte Commander Gorringe als ein ‚Geschenk Ägyptens' nach New York.

Der alexandrinische Obelisk, 21,05 Meter hoch und 224 Tonnen schwer[114], stand nach der Zweit-Aufrichtung nicht unmittelbar auf der Sockeloberfläche wie alle vorher aufgestellten ägyptischen Obelisken, sondern auf vier Stützkörpern aus Bronze, die in den Ecken unter der Basis angebracht waren. Weil die Trennung von Obelisk und Sockel nicht der Tradition entsprach, muss die Einfügung der Stützkörper als eine technische Maßnahme verstanden werden, ohne die eine Zweit-Aufstellung nicht möglich gewesen wäre. Es wird daher zunächst nach der Form der Stützkörper gefragt und wie sie zwischen Sockel und Obelisk montiert waren (Bild 55). Anschließend werden Folgerungen für das Aufrichten der Obelisken gezogen.

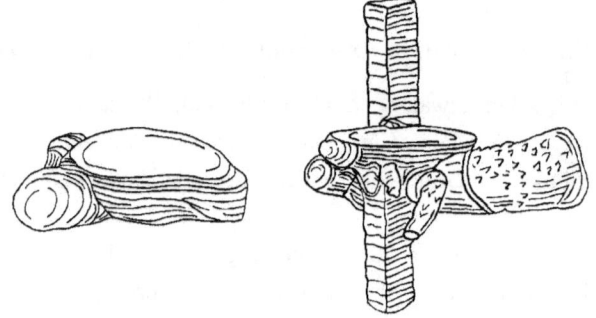

Bild 55
Die Stützkörper
der Obelisken
in Alexandria

Von den vier Stützkörpern des Obelisken sind zwei erhalten geblieben, die sich diagonal gegenüberstanden und unterschiedlich geformt sind[115]. Ein Stützkörper ist flach und hat einen Durchmesser von rund 0,4 Meter; der andere hat nach oben und unten gerichtete rund 0,30 Meter lange Zapfen sowie im mittleren Teil zu den Seiten hin unregelmäßige Verdickungen.

Eine Fotografie, die während der vorbereitenden Arbeiten zur Niederlegung gemacht wurde, zeigt, dass die Ecke des Obelisken vor dem mit Zapfen versehenen Stützkörper abgebrochen ist[116] und lässt erkennen, dass der Stützkörper mit seinem breiten Mittelteil auf dem Sockel auflag (Bild 56). Der Obelisk stand auf seinen Stützkörpern dicht über dem Sockel.

Bild 56 Der Obelisk in Alexandria

Der Obelisk hat 2,37 Meter lange Basiskanten, und der Sockel ist ein Granitblock mit 2,87 Meter langen Kanten. Der Überstand des Sockels war nach allen Seiten gleich groß. Der nach unten gerichtete Zapfen war in den Sockel eingelassen und ließ sich nur schwer herauslösen, weil der Hohlraum mit Blei ausgegossen worden war. Anhand der in Inches unterteilten Messlatte lassen sich die Abstände des nach oben gerichteten Zapfens von den Sockelkanten abschätzen zu 0,6 Meter an der Seite der Messlatte und zu 0,4 Meter über Eck. Der Zapfen befand sich, bevor die Ecke abbrach, unbefestigt in einem von außen nicht sichtbaren Hohlraum.

Zu den Stützkörpern der im Circus Maximus und auf dem Marsfeld zum zweiten Mal aufgerichteten Obelisken gibt es keine Information. Bei der Dritt-Aufrichtung des ersteren 1589 auf der Piazza del Popolo musste der Schaft drei *palmi* (0,67 m) gekürzt werden[117], um eine standfeste Basis zu erhalten, und der Sockel erwies sich als nicht mehr verwendbar[118]. Vom Obelisk des Marsfeldes konnte bei seiner Dritt-Aufrichtung auf der Piazza di Montecitorio 1792 zwar der Sockel verwendet werden, doch musste dieser, wie auch der untere Teil des Schaftes, mit Granitblöcken ergänzt werden[119]. Wegen der kurzen zeitlichen Folge der Aufstellung in Ägypten und Rom spricht alles dafür, dass die Obelisken in Rom auf Stützkörpern aufgerichtet wurden, die denen in Alexandria ähnlich waren.

Die Stützkörper der 13-10 v. Chr. aufgestellten Obelisken hatten als Gelenk dieselben Aufgaben zu erfüllen wie die Gleitangel bei der Erst-Aufstellung. Sie verhinderten, dass die Basiskante mit dem Sockel in Berührung kam und dass der Obelisk beim Aufrichten vom Sockel geschoben wurde. Bei der Beschreibung des Gelenkes, um das die Obelisken bei ihrer Erst-Aufstellung gedreht wurden (S. 62), ist auf die horizontal gerichtete Schubkraft hingewiesen worden, und Bild 57 zeigt wie die Schubkraft zustande kommt. Weil der Schaft bei der Zweit-Aufstellung keinen Vorsprung mehr hatte, mit dem er sich abstützen konnte, übernahm der Stützkörper mit den Zapfen dessen Aufgabe – auch wenn ein Gelenk mit Zapfen auf den ersten Blick nicht vorstellbar ist.

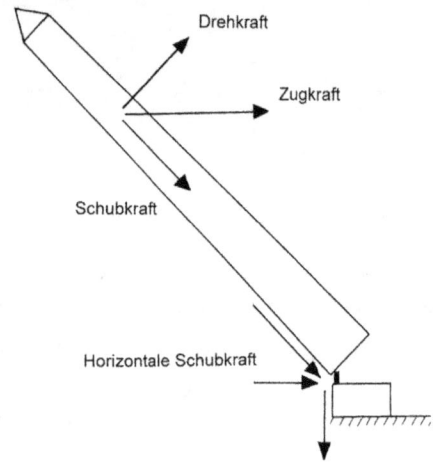

Bild 57
Die horizontale Schubkraft

Die Methode des Aufrichtens, die 13-10 v. Chr. angewendet wurde, wird in vier Arbeitsschritten beschrieben und zwar – weil sich die Sockel in Rom und Alexandria erheblich unterschieden – für beide Städte gesondert.

Alexandria: Erster und zweiter Arbeitsschritt
Im ersten Arbeitsschritt wurde der Sockel hergerichtet, der an zumindest einer Seite über die spätere Standfläche des Obelisken hinausreichen musste, weil ein Auflager für den Obelisk erforderlich war. Nach dem Ausschlagen oder Ausbohren der Zapfenlöcher setzte man die mit Zapfen versehenen Stützkörper ein und goss die Hohlräume mit Blei aus. Die nach oben gerichteten Zapfen bildeten das Gelenk, um das der Obelisk gedreht werden sollte. Damit die Drehung um eine Linie oberhalb der Zapfenansätze möglich war, musste man im Inneren des Obelisken Hohlräume schaffen. In die Basis wurden gegenüber den Zapfen Schlitze eingeschlagen, in die die Zapfen beim Aufrichten eingreifen konnten (Bild 58).

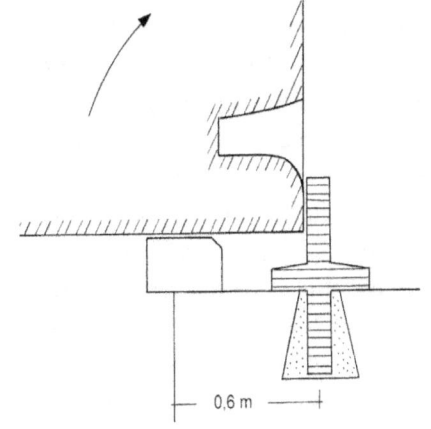

Bild 58
Das Gelenk von 13-12 v. Chr.

Während der Obelisk aufwärts gedreht wurde, stülpte sich seine Basis zunehmend weit über die Zapfen, und die Schubkraft presste die schmalen Schlitzseiten gegen die Zapfen. Eine dicke Metallplatte auf der Auflagerfläche verhinderte, dass die Basiskante mit dem Sockel in Berührung kam.

Die Auflagerung auf dem Sockel bereitete keine Probleme. Der Sockel ragte allseits (2,87 – 2,37) / 2 = 0,25 m über die Obelisk-Basis hinaus. Im Bild 56 sieht man auf eine ebene Fläche hinter dem Zapfen – die lange Schlitzwand. Daraus ist zu folgern, dass der Obelisk zur Messlatte hin aufgelagert war, an der vom Zapfen 0,60 Meter entfernten Sockelkante. Der Abstand der schmalen Schlitzwand von der Basiskante 0,60 m – 0,25 m = 0,35 m war groß genug, um die Wand konvex zu wölben. Während der Obelisk angehoben und über den Zapfen gestülpt wurde, ‚rollte' die gewölbte Schlitzwand am Zapfen entlang ab.

Im zweiten Arbeitsschritt errichtete man neben dem Obelisk die beiden Längsmauern und vor dem Sockel die Quermauer in der üblichen Weise.

Rom: Erster und zweiter Arbeitsschritt
In Rom musste man anders vorgehen, wie für den Obelisk des Marsfeldes gezeigt wird. Den Sockel bildeten drei übereinander stehende Blöcke, die zusammen 6,16 Meter hoch waren[120]. Die Sockeloberfläche |2,70 m × 2,65 m| war dagegen klein, und weil der Obelisk 2,40 Meter lange Basiskanten hat, war der Überstand als Auflager für den Obelisk zu schmal. Würde man bei diesen Gegebenheiten aber annehmen, dass die Voraussetzungen für die Anwendung der Kammer-Methode äußerst ungünstig waren, träfe das nicht den Kern. Mit Blick auf die technischen Möglichkeiten, die den römischen Ingenieuren zur Verfügung standen, ist vielmehr davon auszugehen, dass die visuelle Wirkung des Monumentes höchstmöglich gesteigert werden sollte und bautechnische Schwierigkeiten deshalb in Kauf genommen wurden. Der Schlüssel zur Lösung der Aufgabe war die römische Beton-Technologie. Der als *opus caementitium* bekannte Baustoff bestand aus Steinbrocken, Sand und bei etwa 1000° gebranntem Kalkstein[121]. Um den Sockel ließ sich im Abstand von 2-3 Metern eine Schalung aus Stein oder Holzbalken errichten[122], die zur Seite des liegenden Obelisken hin das Auflager in der Höhe der Sockeloberfläche umfasste. Schon eine Auflagerfläche von |0,3 m × 2,7 m| konnte bei einer Druckfestigkeit von 15 kg/cm^2 die Hälfte des Obelisk-Gewichtes tragen, und diese Festigkeit war ohne weiteres erreichbar. Nachdem der Sockel mit weichem Material umhüllt und gegen Beschädigungen geschützt war, füllte man den eingeschalten Raum mit *opus caementitium*. Der Betonkörper um den Sockel war auch erforderlich als Schutz gegen ein Verschieben der Sockelblöcke unter dem Druck der horizontalen Schubkraft. Nach dem Aushärten des Betons wurde der Obelisk in horizontaler Lage auf dem Sockel positioniert. Hierauf wird weiter unten eingegangen.

Die Mauern der Schlitzkammer wurden entweder wie in Alexandria aus Steinblöcken hergestellt oder mit Steinwänden als Schalung und zwischen den Wänden geschichtetem *opus caementitium*.

Alexandria und Rom: dritter und vierter Arbeitsschritt

Im dritten Schritt, in der 1. Drehphase, hängte man Gewichtsteine, verteilt um den oberen Viertelpunkt, außen an die Längsmauern. Für eine Näherungsrechnung zum Obelisk des Marsfeldes wird die Verteilung des Gewichtes G = 230 t gleichmäßig über die Schaftlänge s = 20,35 m angenommen. Weil die Drehmomente um das Gelenklager auf dem Sockel gleich sind (Bild 59), ist: S × ¾ s = G × ½ s und die Seilkraft ist S = 2/3 G = 154 t.

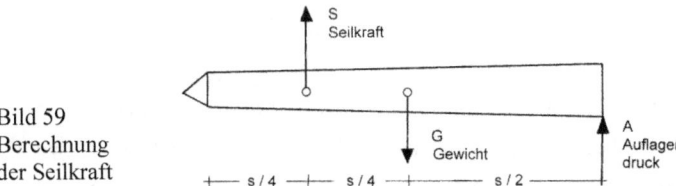

Bild 59 Berechnung der Seilkraft

Bei genauerer Rechnung ergibt sich S < 154 t und der Auflagerdruck A entsprechend größer. Andererseits sind zu S Zuschläge wegen der schrägen Seilführung an der Innenwand und wegen der Seilreibung an der Mauerkrone hinzuzurechnen. Nimmt man 2 Tonnen schwere Steinblöcke an, waren etwa 80 / 2 = 40 Blöcke außen an jede Mauer anzuhängen.

Die 1. Drehphase bedurfte zusätzlicher Maßnahmen (Bild 60).

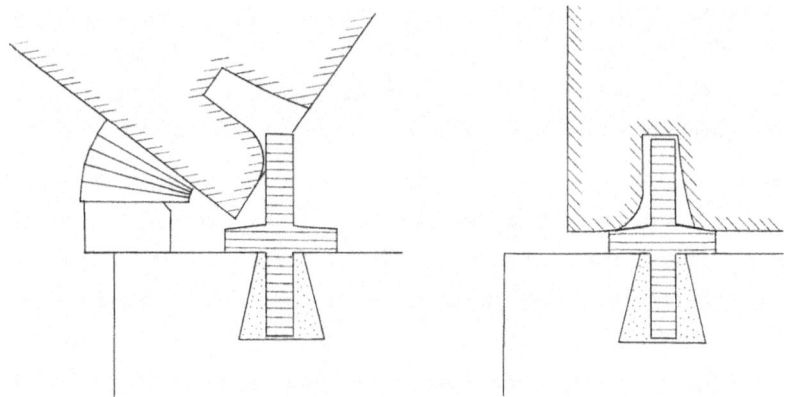

Bild 60 Drehung der Obelisken um das Zapfen-Gelenk

Würde man den Obelisk am schlanken Ende anheben, ohne weiteres zu beachten, dreht er sich nicht um die Zapfen, sondern um die Kante der Platte, und seine Basis sinkt nach unten. Um das zu verhindern, musste der Obelisk *auch an der Basis nach oben* bewegt werden. Gleichzeitig war der Obelisk ständig auf dem Sockel abzustützen. Diese *Feinjustierung unter Last* ließ sich durchführen, indem man zwischen Schaft und Platte Schicht um Schicht Keile einfügte.

Nun war aber der Druck des Steins auf den Sockel zu groß, als dass es gelingen konnte, unter den Schaft Keile zu schlagen. Um den Auflagerdruck zu verringern, zog man Seile *nahe der Basis* unter dem Obelisk hindurch, führte sie über die Längsmauern und hängte Steine als Gegengewicht an. Bei gleichmäßig verteilter Last wäre $A \times \frac{3}{4} s - G \times \frac{1}{4} s = 0$ und der Auflagerdruck somit $A = 76$ Tonnen. Der Realität näher kommt $A = 80$ Tonnen. An jeder Mauer waren etwa 20 Steine zu 2 Tonnen erforderlich. Anzumerken ist, dass auch Fontana zur Druckminderung den Obelisk anheben ließ, als er mit Keilen auf dem Transport-Gestell abgestützt wurde.

Im vierten Arbeitsschritt, der 2. Drehphase, erzeugten Gewichtsteine an der Quermauer die aufrichtende Kraft, und nach dem Abnehmen der Steine von den Längsmauern richtete sich der Obelisk auf. Im Verlauf dieser Phase wurde der Neigungswinkel so groß, dass der Obelisk an den Zapfen entlang nach unten rutschte. Im letzten Moment der Drehung kippte er nach vorn auf die flachen Stützkörper und stand dann aufrecht.

Nachzutragen ist, wie man den Obelisk höher als 6 Meter über dem Gelände auf dem Sockel auflagern konnte. Baute man die Längsmauern zunächst nur bis zur halben Höhe, ließ sich der Obelisk mit den für beide Drehungen benötigten Steinen (überschläglich $154 + 76 = 230$ t) als Gegengewicht auf die Sockelhöhe anheben und dann mit horizontal ziehenden Flaschenzügen auf der Auflagerfläche positionieren. Stützpfeiler, unter dem Obelisk gebaut, sicherten ihn in dieser Position. Danach konnte man die Mauern erhöhen, die Gewichtsteine erneut anhängen und mit dem Aufrichten beginnen.

5.3 Rom nach 37 n. Chr. − der Vatican-Obelisk

Das Bild, das der Obelisk im Circus Vaticanus den Betrachtern bot, nachdem er auf dem Sockel stand, war noch großartiger als das seiner Vorgänger. Die Stützkörper, die zwischen Sockel und Schaft montiert wurden, waren nicht mehr verdeckt angebrachte, technische Objekte, sondern zur weithin sichtbaren Zier am Monument entwickelt worden. Der Obelisk stand jetzt hoch über dem Sockel. Wegen ihrer Form nannte man die Stützkörper *Astragali*[124].

Astragali waren antike, längliche Spielwürfel mit vier Seiten: je eine konvexe und konkave Seite und zwei ebene, planparallele Seiten. Zwei von den vier Stützkörpern haben keine Zapfen, während die anderen beiden je einen Zapfen haben, der nach unten gerichtet ist.

Als Fontana den Obelisk versetzte, ließ er die Gewichte feststellen: 600 libre (200 kg) wogen die beiden Stützkörper ohne Zapfen und 800 libre (265 kg) die beiden anderen. Die Proportionen der Stützkörper (Bild 61) habe ich nach einer ungünstig aufgenommenen Fotografie bestimmt[125] und die Maße aus Gewicht und Volumen ermittelt: Höhe 0,26 m Länge 0,42 m Breite 0,21 m.

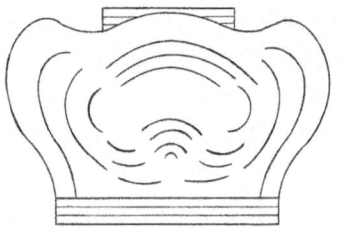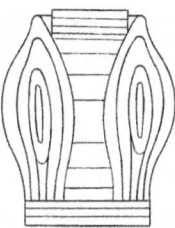

Bild 61
Stützkörper
unter dem
Vatican-
Obelisk

Von Bedeutung für das Erkennen der Wirkungsweise als Gelenk ist eine Mitteilung Fontanas[126] im Zusammenhang mit dem Niederlegen der *Guglia*, wie der Obelisk volkstümlich in Rom genannt wurde:

„Die Guglia wurde um 2 und ¾ palmi (0,61 m) gehoben. ... Danach wurden die Knäufe entfernt, die sich auf der Fläche des Sockels befanden. Einer wurde gleich Seiner Heiligkeit gebracht. ... Die anderen zwei waren mit einem Stift versehen und fest in dem Stein, 1 und ½ palmi (0,34 m) tief, befestigt."

Daraus folgt, dass der Obelisk lose auf den Stützkörpern stand, denn andernfalls hätte er vor dem Niederlegen nicht angehoben werden können. Zwei

Stützkörper lagen unbefestigt auf dem Sockel, während die anderen beiden so fest im Sockel verankert waren, dass sie, wie Fontana schreibt, „uns vier Tage und Nächte zu schaffen machten, um sie herauszunehmen." Die Löcher um die Zapfen waren mit ‚Stein', also mit Beton gefüllt, und römischer Beton hatte die Festigkeit von neuzeitlichem Normalbeton.

Zur Methode des Aufrichtens im Circus Vaticanus in römischer Zeit hat Domenico Fontana eine bisher nicht beachtete, mit Beobachtungen begründete Vermutung geäußert[127]. Er stellte an zwei Stützkörpern Verformungen an der Seite fest, „die beim Aufrichten der Guglia Last erhalten hatte" und schloss daraus, dass der Obelisk um die Stützkörper als Gelenk gedreht worden war. Fontana meint, dass die Methode der römischen Ingenieure aufwendiger und kostspieliger war als seine eigene Methode:

„ ... aufwendiger, weil man die Guglia gegen die Kräfte zieht, die ihren Fuß, um den sie dreht, festhalten; ... kostspieliger, weil, da die Alten die Guglia um ihren Fuß drehen wollten, um sie aufzurichten, sie dazu ein Gerüst brauchten, das so lang sein musste, wie die Länge der liegenden Guglia."

Dass Fontanas Überlegung, man habe den Obelisk in einem langgestreckten Gerüst in die Vertikale gedreht, richtig ist, steht in Kenntnis der historischen Zusammenhänge außer Zweifel, und es spricht für sein ingenieurmäßiges Verständnis, die Methode richtig erkannt zu haben. Zum Vergleich sei seine Methode noch einmal skizziert (Bilder 34 und 54): Nachdem der Obelisk niedergelegt worden war, lag er auf einem Gestell, das über Rollen zum neuen Aufstellort gezogen wurde. Dort befestigte man Seile an seinem oberen Drittel und führte diese zwischen zwei rund 30 Meter hohen, oben miteinander verbundenen Gerüsten hoch. Während der Obelisk zwischen den Gerüsten angehoben wurde, verschob man das Gestell gleichzeitig so, dass die Seile stets lotrecht hingen. Eine kurze Zeit hing der Obelisk lotrecht frei und wurde dann auf dem Sockel abgesetzt.

Der Obelisk stand im Vaticanischen Circus auf 0,26 Meter hohen Stützkörpern, die keine nach oben gerichteten Zapfen hatten. War das – mit Blick auf die Stützkörper der alexandrinischen Obelisken von 13-12 v. Chr. – eine Innovation römischer Ingenieure, oder stand er schon darauf, als er 30 v. Chr. erstmals in Alexandria aufgerichtet wurde? In der Forschung wird allgemein die Ansicht vertreten, dass man den Obelisk schon 30 v. Chr. auf Stützkörper stellte. M. J. Lewis[128] meint, die „römische Verfahrensweise" insgesamt sei „hellenistischer Herkunft", wobei römische Verfahrensweise für Lewis die Methode Fontanas ist, der den Obelisk bis zur Lotrechten anhob und dann vertikal absetzte. Geza Alföldy[129] weist darauf hin, dass der annähernd 250 Jahre ältere Obelisk des Ptolemaios II. (vgl. S. 49) das Vorbild war:

„Die Vorbildfunktion des Obelisken im Arsinoeion für den Vatican-Obelisk lässt sich ganz deutlich daran erkennen, dass beide nicht direkt auf dem Granitsockel standen, sondern auf dazwischen eingefügten Trägern aus Stein bzw. aus Bronze."

Ursächlich für die Auffassung ist, dass Plinius[130] anmerkte „er (eben dieser Obelisk A. W.) sei auf sechs Würfeln aus demselben Berggestein aufgestellt worden" (...*statutum autem in sex talis e monte eodem* ...). Mehrere Forscher haben aus diesen Worten gefolgert, dass der Obelisk auf Stützkörper gestellt wurde wie 30 v. Chr. der Obelisk der Cleopatra, der später gewissermaßen seine Stützkörper nach Rom mitgenommen hat. Die Annahme liegt nahe, denn *talus* entspricht dem Begriff *astragal,* und in beiden Fällen handelt es sich um vierseitige, längliche Würfel[131]. Bei Beachtung technischer Aspekte zeigt sich aber, dass die Deutung der *tali* als Stützkörper nicht haltbar ist. Stützkörper *aus demselben Berggestein* wären aus Granit gefertigt worden wie der Obelisk und hätten den Kräften beim Aufrichten nicht widerstehen können. Die beiden Stützkörper, die das Gelenk bildeten, wären zerquetscht worden, und jene beiden, auf die er beim Aufrichten kippte, wären zermalmt worden. Filippo Magi hat das Problem erkannt und meint, dass die *tali* nicht wie *astragali* geformt waren, sondern kubisch-gestreckt und außerdem seien es sechs *tali* gewesen, während *astragali* stets zu viert angeordnet wurden. Doch auch das hilft nicht weiter, denn um kubisch geformte Stützkörper aus Granit könnte der Obelisk nicht gedreht werden, und zwei zusätzliche Stützglieder könnten alle sechs nicht vor Zerstörung bewahren.

Gleichwohl dürfte die Information von Plinius zum Obelisk im Arsinoeion zutreffend sein, sie muss nur anders interpretiert werden. Der Obelisk kann durchaus auf sechs Würfeln aus Granit aufgestellt worden sein, nur waren das nicht die Stützglieder zwischen Sockel und Schaft: es waren vielmehr die Sockelblöcke selbst. Vermutlich lagen zwei *tali* übereinander und gemeinsam auf weiteren vier *tali,* die als Unterbau dienten. Weil der Obelisk von 30 v. Chr. in keiner Stützkörper-Tradition stand, und weil auch kein Grund zur Annahme besteht, dass Cleopatra VII. einen ‚gebrauchten' Obelisk aufstellen lassen wollte, ist davon auszugehen, dass am Schaft ein Vorsprung als Gelenkpfanne vorhanden war und dass die Stützkörper erst in Rom bei der Zweit-Aufstellung eingefügt wurden.

Der Obelisk hat 2,69 m lange Kanten[132] und der Sockelblock, auf dem er steht, Kanten von 2,73 m und 2,95 m Länge[133]. Der Sockel bestand aus vier Granitblöcken und einem Basisblock aus Marmor und war 8,30 m hoch (von oben 11,5 + 4 + 13 + 4,25 + 4,5 palmi). Wegen der enormen Sockelhöhe und der kleinen Auflagerfläche entsprachen die bautechnischen Maßnahmen am Sockel denen, die schon 50 Jahre früher erforderlich waren. Anders war aber die Wirkungsweise des Gelenkes, weil die Stützkörper keine nach oben gerichteten Zapfen haben. Der Obelisk wurde um die konvex geformten Abschnitte gedreht (Bild 61), und durch wiederholtes, justierendes Unterkeilen bei geringem Auflagerdruck erreichte man, dass seine Basis an den beiden in den Sockel einbetonierten Stützkörpern entlang abrollte. In der 2. Drehphase konnten die Stützkörper der horizontalen Schubkraft jedoch keinen Widerstand bieten. Gegen Abrutschen vom Sockel musste auf andere Weise Vorsorge getroffen werden. Vermutlich befestigte man Seile nahe der Basis, führte sie zwischen den Längsmauern parallel zum Obelisk und hielt sie mit Winden straff. Diese Sicherung verhinderte auch das ‚Springen' auf dem Sockel, wenn der Obelisk auf die Stützkörper kippte. Nach der Zweit-Aufrichtung überdauerte der Vatican-Obelisk stehend alle Obelisken die vor und nach ihm Rom erreichten.

Abschließend noch ein Blick zurück auf das Schiff, das den Obelisk aus Ägypten brachte. Wie Plinius mitteilt, brachte es auch die vier Sockelblöcke aus demselben Stein (S. 73). Kann das zutreffen nach allem, was wir über das Aufrichten des Obelisken in Erfahrung gebracht haben? Wenn ja, müsste der Obelisk in Alexandria seit 30 v. Chr. hoch über dem Boden gestanden haben. Einen Irrtum des Historikers anzunehmen fällt leichter, als sich das vorzustellen. Also transportierte das Obeliskenschiff keine Sockelblöcke? Doch, ja, aber der Obelisk stand in Alexandria nicht darauf. Die Sockelblöcke wurden in Ägypten eigens für die Aufstellung im Circus Vaticanus angefertigt.

5.4 Rom 357 – der Lateran-Obelisk

In der zweiten Hälfte des 4. Jahrhunderts gelang es, die beiden größten Monolithen in die beiden Hauptstädte des römischen Reiches – Rom und Konstantinopel, heute Istanbul – zu überführen. Der nach seinem heutigen Standort benannte Lateran-Obelisk wurde im Circus Maximus aufgestellt und 357 von Constantius II. (reg. 350–361) geweiht. Zu einem nicht bekannten Zeitpunkt stürzte er um und verschwand unter Schutt und Abraum. Den ebenfalls nach seinem Standort benannten Hippodrom-Obelisk ließ Kaiser Theodosius I. (reg. 379–395) 390 auf der Rennbahn von Konstantinopel, dem ‚Circus Maximus' der Hauptstadt des ost-römischen Reichsteiles, aufstellen.

Zur Methode, nach der man den Lateran-Obelisk aufgerichtet hat, gibt es keinen archäologischen Befund, überliefert ist aber ein Bericht des römischen Historikers Ammianus Marcellinus (ca. 330–395)[134]. Die Tatsache, dass die in Rom angewendete Methode zum Erfolg führte, lässt erwarten, dass sich die Ingenieure in Konstantinopel rund 30 Jahre später am Vorgehen in Rom orientierten. Erkenntnisse zum Vorgehen an dem einen Ort werden deshalb hier in die Überlegungen zum Vorgehen am anderen Ort einbezogen, sofern dabei keine Widersprüche auftreten.

Noch im 16. Jh. war in Rom vom Obelisk des Constantius II. in Erinnerung geblieben, dass er in der Arena des Circus Maximus und dort in der Mitte der Spina, der Trennfläche zwischen den Bahnen der umlaufenden Rennbahn, gestanden hatte, wie ein Bild von Stefano Duperác von 1575 belegt[135]. Man fand den Obelisk 1587 in drei Teile zerbrochen und legte ihn frei. Der Obelisk von 10 v. Chr. wurde 30 Meter weiter östlich gefunden, obwohl auch dieser seinerzeit in der Mitte zwischen den Wendemarken aufgestellt worden war, wie ein Münzbild zeigt[136]. Der Annahme von Henning Wrede[137] und Arne Effenberger[138], Constantius II. habe den Augusteischen Obelisk versetzen lassen, um die prominente Mitte für den größeren Neu-Ankömmling frei zu machen, ist zu widersprechen. Stand der Obelisk wie jener des Marsfeldes auf einem 6 Meter hohen Sockel, was wegen der Duplizität der Ereignisse 11-10 v. Chr. anzunehmen ist, hätte das Niederlegen und Wiederaufrichten unerhört großen Aufwand erfordert, und Ammian hätte das in seinem Bericht erwähnt. Der später hinzu gekommene Obelisk konnte den

Platz in der Mitte der Arena deshalb einnehmen, weil der Circus Maximus unter Kaiser Traian vor 103 nach Westen erweitert worden war[139].

Der Lateran-Obelisk hatte ursprünglich eine Höhe von 33 Metern, und das Gewicht wird auf bis zu 500 Tonnen geschätzt. Bei der Dritt-Aufstellung mussten vom beschädigten Schaft 4 palmi abgeschlagen werden, um eine Standfläche zu erhalten[140]. Heute ist der Obelisk noch 32,15 Meter hoch (Tabelle 3). Der Sockel hatte eine Höhe von rund 8,5 Metern, doch waren die Steine so stark beschädigt, dass man sie vor Ort liegen ließ.

Die Möglichkeit, den Obelisk aufrichten zu können, wurde von Zeitgenossen kritisch eingeschätzt. In der Inschrift auf dem Sockel heißt es, der Obelisk sei zunächst nicht aufgerichtet worden, „weil niemand glauben konnte, dass ein an Masse so großes Werk sich in die oberen Lüfte erheben konnte"[141], und Ammian bemerkt, seinen Bericht einleitend, „man erwartete kaum oder gar nicht, dass die Aufrichtung vollzogen werden könne"[142]. Das Vorgehen der Ingenieure beschreibt er dann folgendermaßen:

„Man stellte hohe Balken auf, so dass man einen Wald von Maschinen zu erblicken meinte und knüpfte starke und lange Taue daran, die sich wie ein Netz von vielen Fäden in großer Dichte unter dem Himmel entlang zogen. An diese wurde jener ‚Berg', der mit Schriftzeichen bedeckt ist, angebunden und allmählich durch den leeren Raum in senkrechte Stellung gehoben. Lange schwebte er frei, während viele tausend Menschen gleichsam Mühlräder drehten und stellte sich dann in der Mitte des Zirkus auf" (Übers. W. Seyfarth).

Soweit Ammians Bericht kommentiert worden ist, wird festgestellt, dass er keine verwertbaren technischen Details enthält, und die Urteile lauten *florid style* (Iversen[143]) oder auch *vaguely and rhetorically* (Lewis[144]) und jener weiter „he might almost be describing the raising of the Vatican obelisk." In Kenntnis der ägyptischen Kammer-Methode und ihrer Anwendung um die Zeitenwende ist die Beurteilung von Ammians Bericht revisionsbedürftig. Aus dem Bericht lässt sich ein klares Bild gewinnen.

Anstelle der Mauern errichtete man um den liegenden Obelisk mit langen Balken hohe Gerüste. Dabei wurden die Balken nicht waagerecht geschichtet und mit kurzen, senkrecht stehenden Balken zu einem mauerartigen Rahmenwerk gefügt, es wurde vielmehr kühn gebaut: man stellte lange Balken senkrecht. Das Konstruktionsprinzip *lange Balken senkrecht* erfordert, um Stabilität zu erreichen, dass jeweils mehrere Balken mit kurzen Querbalken zu einer Einheit zusammengefasst wurden. Jede dieser Einheiten war ein Hubgerüst und war als solches – als Maschine – erkennbar. Wegen der Anzahl unterscheidbarer Hubgerüste konnte ein Beobachter, wie Ammian anschaulich sagt, den Eindruck gewinnen, dass auf dem Arbeitsfeld *ein Wald von Maschinen* steht. Auf der Baustelle war eine große Anzahl Hubgerüste, verteilt über die Fläche, im Einsatz. Damit ist eindeutig und unmissverständlich gesagt, dass sich nicht nur zwei oder vier Hubgerüste paarweise gegenüberstanden, wie man der Methode Fontanas entsprechend vermuten könnte.

Auch wie die Zugseile angeordnet waren, hat Ammian anschaulich und eindeutig beschrieben. Die Seile spannten sich *wie ein Netz von vielen Fäden*, und auch in diesem Punkt gibt es keine Entsprechung zu Fontanas Methode, denn zwischen dessen Gerüsten waren alle Seile gleichgerichtet nach oben geführt. Ein *Netz von Fäden* impliziert, dass sich Fäden kreuzen.

Mit diesen Feststellungen kann die Vorgehensweise beschrieben werden:

Man errichtete hohe Hubgerüste zu beiden Seiten des Obelisken, verteilt über seine Länge und einander paarweise gegenüberstehend. Weitere Hubgerüste wurden quer vor dem Sockel gebaut. Danach lag der Obelisk gewissermaßen in einer Kammer, deren Wände aus Hubgerüsten bestanden. Über die Gerüste liefen Seile, die sich in der 1. Drehphase und bis zum Beginn der 2. Drehphase kreuzten. Die aufrichtende Kraft erzeugte man, dem technischen Fortschritt im 4. Jahrhundert entsprechend, mit drehbaren Vorrichtungen, mit Winden. Die Winden hatten senkrecht stehende Wellen und waagerechte Hebelarme, wie ein Relief am Sockel des Hippodrom-Obelisken in Konstantinopel zeigt (Bild 66). Beim Drehen der Winde wurde das vom Gerüst kommende Seil auf der Welle aufgewickelt und lief zum freien Ende hin von der Welle ab. Die aufrichtende Kraft wurde in dem Moment erzeugt, in dem sie benötigt wurde und nicht vor dem Aufrichten mit Steingewichten als Kraftpotential bereitgestellt.

Der Kammer-Methode entsprechend, hob man den Obelisk am schlanken Ende an und drehte ihn um Stützkörper unter seiner Basis. Der Vorgang des

Aufrichtens nahm zweifellos längere Zeit in Anspruch als um die Zeitenwende, denn es ist als schwieriger einzuschätzen, den Obelisk mit konstruktiv recht ‚weichen' Gerüsten und mit Winden anzuheben, als mittels starrer Mauern und abrutschender Steinpakete. Schon bei ebenerdiger Aufstellung wären etwa 18 Meter hohe Hubgerüste erforderlich; hinzuzurechnen sind aber noch 8 Meter Sockelhöhe. Den Sockel hatte man, so ist anzunehmen, mit einem Betonmantel umgeben, denn die Sockelblöcke waren wegen der horizontalen Schubkraft der Gefahr ausgesetzt, verschoben zu werden. Ob der Obelisk in Höhe der Sockeloberfläche aufgelagert wurde und während des Aufrichtens abgestützt blieb, kann nicht gesagt werden. Aus Ammians Mitteilung, der Obelisk *schwebte lange frei*, lässt sich auch folgern, dass man seine Basis nicht abstützte, sondern mit Hilfe der Winden ständig justierte. Ammian gebraucht den Begriff *pensilis,* was *herabhängen* bedeutet und in der Baukunst ‚auf Schwibbögen aufliegend' also gleichsam schwebend. Da aber auch bei Auflagerung, wie beschrieben, das Obelisk-Gewicht angehoben werden musste, war es prinzipiell möglich, den Obelisk gewissermaßen *frei schwebend* zu halten. Schließlich stand auch dieser Obelisk aufrecht – bis er irgendwann umstürzte und zerbrach.

Die von Ammian dargestellte Methode ist durch Untersuchungen im Tempel von Karnak bestätigt worden. Französische Forscher erkannten 1974 die Methode, die angewendet worden war, um den Hippodrom-Obelisk – zu einem nicht bekannten Zeitpunkt nach dem Lateran-Obelisk – niederzulegen. Man hatte ihn um des Sockel als Auflager gedreht, von dem zuvor ein Teil abgeschlagen worden war, um die Basiskante nicht zu beschädigen[145]. Eine noch heute *in situ* vorhandene, langgestreckte Konstruktion aus Nilschlamm-Ziegeln neben dem Sockel bildete das Bankett, auf dem der Obelisk abgelegt wurde[146]. Zu beiden Seiten des Banketts befinden sich Vertiefungen, in denen die Hubgerüste standen, über die die Halteseile liefen. Die Phasen des Niederlegens konnten an einem Modell in umgekehrter Abfolge wie beim Aufrichten rekonstruiert werden[147].

5.5 Ost-Rom/ Konstantinopel 390 – der Hippodrom-Obelisk

Theodosius I., der 379 von Kaiser Gratian zum Kaiser des ost-römischen Reichsteiles berufen worden war, ließ den Obelisk 390 in Konstantinopel, der ost-römischen Hauptstadt, auf der Spina der Rennbahn aufstellen, nachdem er etwa ein Jahr zuvor aus Alexandria überführt worden war. Die Aufstellung des Obelisken im Hippodrom gilt als Ausdruck des Wettstreites zwischen beiden Zentren des Reiches, denn Theodosius hatte die Absicht, Konstantinopel so prächtig zu gestalten wie die alte Hauptstadt Rom[148]. Nun ist der Obelisk aber nur 19,59 Meter groß, und mit dem Gestaltungsanspruch wäre es nicht in Übereinstimmung zu bringen, wenn Theodosius einen Obelisk ausgewählt hätte, der kleiner war als die vier großen Obelisken in Rom. Der Widerspruch konnte durch Vergleich der Hieroglyphen-Inschrift auf dem Schaft des Obelisken mit der Inschrift auf seinem Bild an der Annalenwand des Tempels in Karnak gelöst werden: Vom Obelisk des Pharaos Thutmosis III. fehlt ein beträchtliches Stück[149]. Die Länge dieses Stückes wird zu zwei Fünfteln der ehemaligen Schaftlänge angegeben → 11,28 m[150] oder auch zu einem Drittel der ehemaligen Gesamthöhe → 9,80 m[151]. Demnach hatte der Obelisk ursprünglich eine Höhe von rund 30 Metern.

Wenn das so ist, dann hätte Theodosius I. ein unscheinbares Reststück am prominentesten Ort der Stadt aufstellen lassen? Dies unterstellt Wrede[152] wenn er meint, dass der Obelisk schon zerbrochen in Konstantinopel ankam. Effenberger[153] vermutet, dass der Obelisk beim Aufrichten zerbrach, kann sich aber auch denken, dass er noch am Boden liegend, „an seiner schwächsten Stelle zerbrach". Paul Speck[154] verweist dagegen auf die Inschrift am Sockel, die davon spricht, dass die Aufstellung erfolgreich abgeschlossen wurde und konstruiert in Konstantinopel eine Dreifach-Aufstellung: Der Obelisk wurde zunächst in ganzer Länge aufgerichtet, danach aber wieder niedergelegt, weil der Sockel beim Aufrichten beschädigt worden war. Bei der Zweit-Aufrichtung zerbrach der Obelisk, und bei der Dritt-Aufrichtung stellte man das Reststück auf. Wie auch immer, – kann man die Annahme akzeptieren, dass Kaiser Theodosius es zuließ, in seiner Triumph-Stätte einen ‚Winzling' aufzustellen als Gegenstück zu dem seinerzeit 33 Meter hohen Obelisk im Circus Maximus der alten Hauptstadt? Ich halte das für undenkbar. Der mächtigste Herrscher seiner Zeit hätte sich nicht auf diese Weise dem Spott der Zeitgenossen und der Nachwelt ausgesetzt. Man muss bei der Beurteilung des Geschehens in Konstantinopel aber auch bautechnische Aspekte berücksichtigen, was bisher nicht geschehen ist.

Der 19,59 Meter große Obelisk (s = 16,92 m, p = 2,67 m) steht auf zwei übereinander gestellten Sockelblöcken aus Marmor und zwar auf Würfeln aus Bronze[155] (Bild 62). Nun ist es aber ausgeschlossen, dass er um die Kanten von zwei Bronze-Würfeln in die Vertikale gedreht wurde. Die einzige Möglichkeit, einen Obelisk so zu positionieren, besteht darin, den Obelisk bis zur Lotrechten anzuheben, seine Basis unter den Schwerpunkt zu ziehen und ihn dann vertikal auf den Würfeln abzusetzen – wie es Fontana 1586 machte. Es ist deshalb zu überlegen, ob der Obelisk beim Versuch, ihn nach dieser Methode aufzustellen, zerbrochen sein kann.

Wird nicht unterstellt, dass die Ingenieure erst nach dem ersten Versuch, den Obelisk aufzustellen, bei dem er zerbrach, also beim zweiten Versuch, zur Methode *lotrecht anheben und absetzen* wechselten, muss angenommen werden, dass sie diese Methode schon beim ersten Versuch anwendeten. Das aber würde bedeuten, dass man die in Rom mit Erfolg angewendete Methode des Drehens um ein Gelenk an der Basis nicht beachtet hat und die eigenen Erfahrungen beim Niederlegen in Karnak nicht genutzt hat. Dann hätte man folglich beabsichtigt, einen 30 Meter hohen Obelisk mit einem Gewicht von mehr als 400 Tonnen auf unerprobte Weise aufzurichten. Derartiges Verhalten anzunehmen heißt aber, wie schon im Zusammenhang mit dem Aufrichten um die Zeitenwende angemerkt, den Ingenieuren ein unverantwortlich risikoreiches Handeln zu unterstellen. Wird das nicht angenommen, dann lautet im Umkehrschluss die Folgerung, dass der Obelisk, als man ihn im Hippodrom aufstellte, nur nach derselben Methode aufgerichtet worden sein kann wie der Lateran-Obelisk in Rom: durch Anheben am schlanken Ende und Drehen um ein Gelenk an der Basis. Im Folgenden wird geprüft, ob sich ein Befund feststellen lässt, der diese These stützt.

Die beiden Sockelblöcke des Obelisken bezeichnet man als Oberbasis und Unterbasis (Bild 62). Die Oberbasis ist ein Quader, dessen vier Seiten mit höfisch geprägten Bildreliefs geschmückt sind[156]. Es ist *opinio communis*, dass die Oberbasis erst hergestellt wurde oder auch erst mit dem Obelisk in Verbindung gebracht wurde, nachdem dieser zerbrochen war. Denkbar ist, dass die Oberbasis eingefügt wurde, um das Reststück größer erscheinen zu lassen[157]. Die Unterbasis ist ein Kubus, dessen oberer Teil in etwa drei Viertel der Höhe allseits zurückspringt und eine Stufe bildet. Die Stufe ist an den vier Seiten mit Pfeifenfriesen geschmückt und wird als Pfeifenplinthe bezeichnet. Der untere Teil der Unterbasis weist zwei Bildreliefs und zwei Inschriften auf. Die Ecken der Pfeifenplinthe sind ausgeklinkt, und in diese Aussparungen hat man grob zugehauene Granitblöcke gestellt. Gerda Bruns[158] schreibt, dass für die Ecken eine besondere Lösung vorgesehen war: „Die ursprünglichen Ecken wurden ersetzt durch roh zugehauene und bestoßene Granitblöcke aus Rosengranit"; an einer Ecke ist „eine Fläche alter ägyptischer Politur zu erkennen, eine Bestätigung dafür, dass die Blöcke Bruchstücke vom Obelisk sind."

Der Befund stützt die Annahme der Kammer-Methode. Wurde die Kammer-Methode angewendet, ist davon auszugehen dass in den vier Aussparungen Stützkörper aus Bronze standen, von denen zwei das Gelenk bildeten. Demnach wäre der noch nicht zerbrochene Obelisk allein auf der Unterbasis aufgerichtet worden.

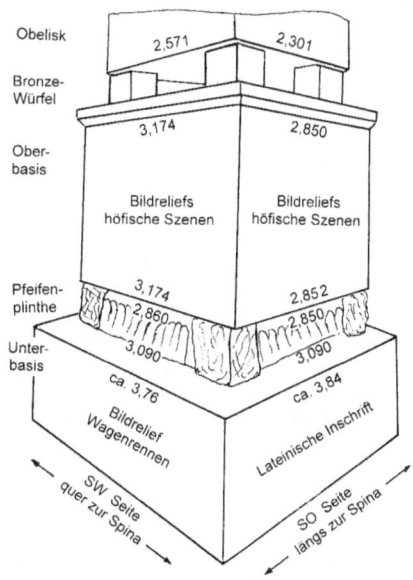

Bild 62 Der Hippodrom-Obelisk

Die horizontalen Kanten des Schaftes a und b sind sowohl am Pyramidion als auch an der Basis sehr ungleich lang[159]:

Horizontale Kante (in m)	Längs zur Spina		Quer zur Spina	
	SO Seite	NW Seite	SW Seite	NO Seite
Pyramidion b	1,690	1,680	1,890	1,770
Basis heute a	2,301	2,213	2,571	2,417

Tabelle 6 Die Kantenlängen des Schaftes

Trotz der Ungleichheit sind die Verhältniswerte von je zwei Kantenlängen a und b am Pyramidion und an der heutigen Basis dieselben:

Pyramidion b: SO : SW = 1,690 : 1,890 = 1 : 1,118
Basis heute a: SO : SW = 2,301 : 2,571 = 1 : 1,117
Pyramidion b: NW : NO = 1,680 : 1,770 = 1 : 1,054
Basis heute a: NW : NO = 2,213 : 2,417 = 1 : 1,092

Mit Bezug auf den Obelisk sind Kantenlängen des Sockels interessant:

Horizontale Kante (in m)	Längs zur Spina		Quer zur Spina	
	SO Seite	NW Seite	SW Seite	NO Seite
Oberbasis	2,852	2,850	3,174	3,161
OK Plinthe UK Plinthe OK Unterteil	2,850 3,090 ca. 3,84	2,850 3,090 ca. 3,87	2,860 3,090 ca. 3,76	2,860 3,090 ca. 3,77

Tabelle 7 Die Kantenlängen der Sockelblöcke

Arne Effenberger[160] hat darauf hingewiesen, dass die Verhältniswerte der Kantenlängen der Oberbasis |SO : SW| und |NW : NO| nahezu dieselben sind wie beim Obelisk und meint, das könne kein Zufall sein:

SO : SW = 2,852 : 3,174 = 1 : 1,114
NW : NO = 2,850 : 3,161 = 1 : 1,109

Die Übereinstimmung legt die Annahme nahe, dass man die Maße der Oberbasis auf die Maße des ursprünglichen Obelisken abgestimmt hat. Drei Aspekte lassen sich zusammenführen, um einen Ansatz für die ursprüngliche Schaftlänge des Obelisken zu erhalten:

- Der Obelisk wurde allein auf der Unterbasis aufgerichtet.
- Ober- und Unterbasis haben gleich lange Kanten SO und NW: 2,85 m.
- Entlang der SW-Seite und NO-Seite verlaufen die Kanten von Oberbasis und Sockel (Plinthe) bündig (Bild 63a).

Ein Obelisk, dessen Schaft mit den Maßen der Oberbasis endet, würde sehr gut zur Pfeifenplinthe als Sockel passen. Die SO-Seite des Obelisken wäre mit 2,85(2) m so breit wie der Sockel. Die SW-Kante und NO-Kante von Sockel und Obelisk würden genau übereinander verlaufen. Außerdem würde seine SW-Kante den Sockel um 3,174 − 2,860 = 0,314 m überragen, also zu beiden Seiten hin um 0,16 m. Wie noch gezeigt wird, hat der Überstand für das Aufrichten Bedeutung. Weil der Obelisk heute ungleiche Basiskanten hat und weil deren Verhältnis |SO : SW| mit dem der Oberbasis übereinstimmt, könnte die Länge der SO-Kante der Plinthe bzw. der Oberbasis 2,85(2) m auch die Länge der SO-Kante der ursprünglichen Obelisk-Basis sein. War die ursprüngliche SO-Kante mit 2,850 m so lang wie die Kante der Plinthe, lässt sich berechnen, welche Länge der Obelisk-Schaft ursprünglich hatte (Bild 63b).

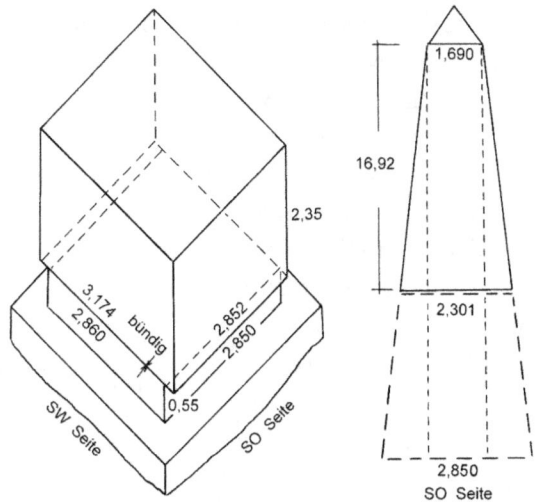

Bild 63
Zur Ermittlung der ursprünglichen Länge des Schaftes

a) Die Oberbasis auf der Unterbasis   b) Die Schaftlänge

Verglichen wird die Zunahme der Schaftbreite vom Pyramidion bis zur Basis heute mit der Zunahme an Breite über den ›Schaft ursprünglich‹ bis zur ursprünglichen Basis; zwei Verhältniswerte werden gleichgesetzt:

|Schaft 16,92 m| : |2,301 m − 1,690 m| =
= |Schaft ursprünglich| : |2,850 m − 1,690 m|
|Schaft ursprünglich| = (Schaft 16,92) × (2,850 − 1,690) / (2,301 − 1,690)
Schaft ursprünglich s = 16,92 × 1,160 / 0,611 = 32,12 m

Arne Effenberger kommt nach längerer Rechnung zu demselben Ergebnis.
Zu s = 32,12 m addiert p = 2,67 m ergibt die ursprüngliche Obelisk-Höhe:
→ h = 34,79 Meter   (mit a = 2,852 m → h = 34,84 Meter)
Der Obelisk war mehr als 2,60 Meter größer als der Lateran-Obelisk heute.
Mit der Schaftlänge s = 32,12 Meter können die Längen der anderen drei Basiskanten berechnet werden: SW 3,18 m, NO 3,00 m, NW 2,70 m.

Zu erörtern ist jetzt, wie der Obelisk auf dem Sockel, der Unterbasis, stand, genauer gesagt, auf der Pfeifenplinthe (Bild 64). Die Draufsicht zeigt[161], dass die Aussparungen, in denen die Stützkörper standen, Quadrate sind mit der Seitenlänge ½ × (2,85 m − Länge Peifenfries 1,92 m) = 0,465 m. Diese Breite hatten die Stützkörper an ihrer Oberseite. An der SW-Seite stand der Obelisk bündig über der Außenkante der Stützkörper. An der SO-Seite ragte er, wie auch an der Ecke SW/NW 0,16 m über die Oberfläche der Plinthe hinaus. Den Stützkörper an der Ecke NW/NO überdeckte der Obelisk dagegen nur teilweise. Weil die Stufe 0,55 Meter hoch ist, waren die Stützkörper ebenso hoch oder noch etwas höher.

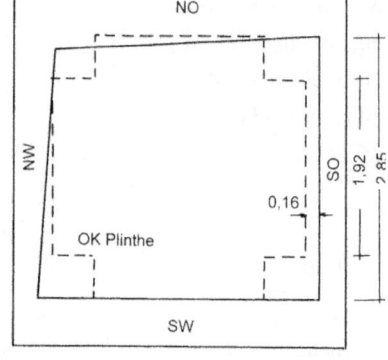

Bild 64
Der Obelisk auf dem Sockel

Der Obelisk wurde aufgerichtet wie der Lateran-Obelisk durch Anheben am schlanken Ende und Drehen um zwei Stützkörper unter seiner Basis. Aus Bild 64 ergibt sich eindeutig, dass er um die Stützkörper an der SO-Seite gedreht wurde. Die Basis rollte an konvex geformten Stützkörpern ab, und die Berührungslinie war 0,16 Meter von der Basiskante entfernt, so dass sie nicht brechen konnte (Bild 65).

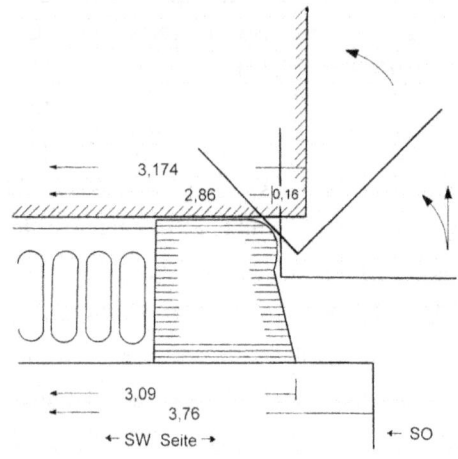

Bild 65
DasGelenk des
Obelisken

Die konvexe Partie der Stützkörper muss sich vor der Oberkante des Peifenfrieses befunden haben, so dass auch die Sockelkante beim Aufrichten nicht berührt wurde. Der Obelisk lag, weil er um die Stützkörper an der SO-Seite gedreht wurde, vor dem Aufrichten quer zu der in Richtung NO–SW verlaufenden Spina.

Dass der Hippodrom-Obelisk auf dieselbe Weise aufgerichtet wurde wie der Lateran-Obelisk, lässt sich auch aus dem Bildrelief an der NO-Seite der Unterbasis ableiten (Bild 66).

Bild 66 Das Relief an der NO-Seite des Sockels

Der Obelisk liegt mit der Basiskante auf dem Sockel. Er liegt auf Balken, von denen Seile ausgehen, die teils im oberen Bildteil bleiben und teils in den unteren Bildteil schwenken. Alle Seile führen zu Winden mit senkrecht stehender Welle, die von je vier Männern gedreht werden. Dargestellt ist der Augenblick, in dem das Aufrichten beginnt. Die Drehbewegung, die der Obelisk ausführen wird, ist durch den Kreis um seine Basis gekennzeichnet.

Die Balken hat Gerda Bruns als eine Verschalung auf der Rampe gedeutet[162], und M. J. Lewis[163] erkennt die Zugbahn, auf der man den Obelisk transportiert hat. Beide Erklärungen sind jedoch, nachdem Ammians Bericht zum

Lateran-Obelisk verstanden worden ist, zurückzuweisen. Wir wissen, dass die Seile, an denen der Obelisk während des Aufrichtens *wie an einem Netz hing,* über Hubgerüste liefen und können das Wissen auf die dargestellte Szene anwenden. Die Balken befinden sich nur scheinbar unter dem Obelisk; für die Männer im unteren Bildteil befinden sie sich *neben dem Obelisk.* Die Balken stehen in der Realität neben dem Obelisk und zwar verteilt über seine ganze Länge. Mit den Balken sind die hohen Hubgerüste gemeint. Die Seile, die in den unteren Bildteil schwenken, sind über jene Gerüste geführt, die seitlich neben dem Obelisk stehen. Die Winden im unteren Bildteil werden für die 1. Drehphase gebraucht. Die Balken ‚unter' dem Obelisk reichen über seine Spitze hinaus, und das Balkenstück vor der Spitze steht – hochgeklappt um 90° – für die Gerüste, die an der Querseite der Kammer vor dem Obelisk stehen. Die Winden im oberen Bildteil – ebenfalls an der Querseite der Kammer – werden für die 2. Drehphase gebraucht.

Gerda Bruns[164] hat die Methode des Drehens um die Basiskante im Ansatz richtig erkannt, wenn sie schreibt:

„Die Aufrichtung muss ungefähr so vor sich gegangen sein wie die Aufrichtung des Obelisken in Paris (vgl. Bild 27) ... Die nötige Anzahl Taue greift im oberen Viertel an den Stein, wird über Masten zu den Winden geführt und hebt den Stein ..."

Dass die Winden im oberen Bildteil *vor der Spitze des Obelisken* stehen und nicht hinter dem Sockel, wie es in der Realität zu sehen war, hat der Künstler sinngemäß richtig dargestellt. Die Seile waren ja nahe dem schlanken Ende des Schaftes angebracht und liefen von dort über die Gerüste zu den Winden. Hätte der Künstler die Winden hinter dem Sockel angeordnet, würde den Betrachtern der Eindruck vermittelt, dass die Seile an der Basis befestigt waren und die Kräfte dort wirkten.

Die letzte Überlegung zum Hippodrom-Obelisk gilt der Frage, ob er beim Aufrichten umstürzte oder ob es gelang, ihn unbeschädigt aufzurichten. Das Bildrelief an der SW-Seite der Unterbasis hilft, die Frage zu beantworten. Es zeigt ein Wagenrennen, und auf der Spina *stehen zwei gleich große Obelisken,* die einander auch im Übrigen entsprechen, wie Gerda Bruns feststellt. Diese Darstellung lässt zunächst den Schluss zu, dass man den Obelisk aufrichtete, als der 32 Meter hohe *gemauerte Obelisk* bereits im Hippodrom stand[165]. Henning Wrede[166] hat diese Konstellation damit erklärt, dass der ägyptische Obelisk schon lange erwartet wurde, aber ausgeblieben war und man sich zwischenzeitlich mit einem Ersatz in gleicher Größe beholfen hat.

Die Darstellung des ägyptischen Obelisken in seiner vollen Größe kann keine vorweg genommene, dann aber nicht erreichte Absicht spiegeln, denn nach übereinstimmender Ansicht der Experten wurden alle Reliefs erst nach der Aufrichtung des Obelisken angefertigt. Dass *zwei gleich große* Obelisken auf der Spina gezeigt werden und nicht ein sehr großer und ein sehr kleiner, lässt deshalb nur einen Schluss zu: der Hippodrom-Obelisk stand nach dem Aufrichten in seiner ursprünglichen Größe aufrecht.

Dass der Obelisk in seiner ursprünglichen Größe aufgerichtet wurde und aufrecht stand, bestätigt auch die eingemeißelte, lateinische Inschrift an der SO-Seite der Unterbasis[167]. Darin berichtet der Obelisk von sich, er sei in 30 Tagen besiegt und bezwungen und unter der Leitung von Proklos zu den hohen Lüften erhoben worden. Während Arne Effenberger[168] die Inschrift auf das Reststück bezieht, weist Paul Speck[169] auf den Widerspruch hin und fragt: „Schreibt man so, wenn man nach einigen schweren Pannen nur noch einen Teil des Obelisken errichten kann?" Sich selbst antwortend, stellt er fest: „Eine erste Aufstellung des Obelisken muss also gelungen sein." Ich stimme dem zu, meine aber, dass nicht *eine erste* Aufstellung gelang, sondern *die einzige*, die im Jahr 390 stattfand. Prägnanter konnte eine Erfolgsmeldung kaum formuliert werden. Es gab keinen Fehlversuch, bei dem der Obelisk zerbrach, und es wurde auch nicht das Reststück eines Obelisken aufgestellt. Vielmehr wurde in Konstantinopel an der entsprechenden Stelle zu jener in der alten Hauptstadt Rom, wo bis dahin der größte Obelisk stand, der größte aller Obelisken überhaupt auf der Unterbasis aufgerichtet. Als das gelungen war, wurden die Reliefs und die Inschriften auf dem Sockel gefertigt. Erst später, zu einem bisher nicht bekannten Zeitpunkt, teilte der Hippodrom-Obelisk das Schicksal der Obelisken in Rom: er stürzte um und zerbrach. Als man wiederum später den oberen Teil des Monumentes nach der Methode ›lotrecht anheben und vertikal absetzen‹ aufstellte, wurde die Oberbasis mit den ursprünglichen Maßen des Obelisken *in memoriam* eingefügt.

Anhang

Anhang 1
Zum Hebelsystem für den Transport über Land zu Seite 22

Zu transportieren ist ein Hatschepsut-Obelisk:
$G = 323$ t $h = 29,5$ m $s \approx 27$ m $p \approx 2,5$ m
Es wird eine gleichmäßige Verteilung des Gewichtes über s angenommen.
Gewicht je lfd. Meter Schaft: $G / 27 = 323 / 27 = 12,0$ t/m
Last je lfd. Meter Hebelbahn: $12 / 2 = 6,0$ t/m
Es wird ein Hebelabstand von 0,80 m angenommen.
Mit jedem Hebel ist die Last $6,0$ t/m $\times 0,8$ m $= 4,8$ t anzuheben.
Als Hebel werden Zedernstämme mit $r = 0,20$ m verwendet.
Als Hebellängen werden angenommen: kraftseitig 8,0 m lastseitig 0,4 m
Verhältnis von Kraftarm zu Lastarm: $8,0 : 0,4 = 20 : 1$
Allgemein gilt: Kraft $\times$ Kraftarm $=$ Last $\times$ Lastarm $\rightarrow G \times 8,0 = 4,8 \times 0,4$
Erforderliches Gewicht am Kraftarm: $G = 4,8$ t $\times 0,4 / 8,0 = 0,24$ t
Wenn die Arbeiter im Mittel 0,06 t/Mann wiegen,
sind an jedem Hebel $0,24 / 0,6 = 4$ Arbeiter als Hubkraft erforderlich.
4 Arbeiter stehen auf dem Hebel an dessen Ende zu zweit nebeneinander.
Das Gewicht des Hebels wirkt zusätzlich günstig:
$G = V \times$ Dichte $G = 0,20^2 \pi \times 8,0 \times 0,5$ t/m$^3 = 0,05$ t
Erforderliche Anzahl Hebel je Hebelbahn: 27 m $/ 0,8$ m $+ 1 = 35$
Erforderliche Anzahl Arbeiter an allen Hebeln: $2 \times 35 \times 4 = 280$
Hinzu kommen je Hebel 3 Arbeiter, die ihn bewegen: $2 \times 35 \times 3 = 210$
Mit 490 Arbeitern kann der Obelisk vorwärts bewegt werden.

Anhang 2
Zur Tragfähigkeit des doppelten Doppelschiffs zu Seite 44

Es ist nachzuweisen, dass ein Hatschepsut-Obelisk mit dem Gewicht 323 t mit einem doppelten Doppelschiff transportiert werden konnte.
Angenommen wird die Dichte des Rosengranits zu $\sigma = 2,68$ rd. $2,7$ g/cm^3
Im Wasser wiegt der Obelisk $(2,7 - 1,0) \times 323 / 2,7 = 204$ t

Die Breite des doppelten Doppelschiffes beträgt nach Ineni 21 m.
Es werden 2 Doppelschiffe als Teil-Schiffe nebeneinander gestellt:
4 Teil-Schiffe in der Decksebene   4 × 4,2 m = 16,8 m }
2 Abstände zwischen den Teil-Schiffen 2 × 1,0 m = 2,0 m }
1 Abstand zwischen den Doppelschiffen   2,2 m } → 21,0 m
Angenommen wird die Länge des Schiffes in der Wasserlinie zu 30 m.
Gemessen über die Steven ist das Schiff etwa 35 m lang.

Wie die Überschlagrechnung im Bild 67 zeigt, beträgt das Deplacement, das Gewicht von Schiff und Obelisk zusammen, etwa 363 Tonnen.
Die Wasserverdrängung ist zu 384 Tonnen ermittelt worden.

Ladung	1 Obelisk: Länge 29,5 m Gewicht 323 t Granit spez. Gewicht 2,7 Auftrieb 1,0 1,7/ 2,7 × 323 Gewicht effektiv 204 t	
Teil-Schiff Maße	Länge L = 35 m Breite B = 4,2 m Höhe H = 1,5 m 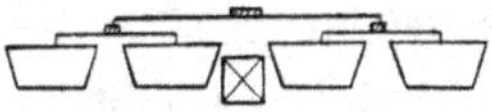	
Doppel-schiff Gewicht	Planken Holz Dicke D = 0,15 m spez. Gew. 0,95 Gewicht von 4 Teil-Schiffen 4 × (B × L + 2H × L) × D × 0,95 143,6 t 4 Decks 3 Tragbalken } zus. Aussteifungen Sonstiges } 10% 15 t Gewicht gesamt 159 t	
Deplace-ment	Schiff und Obelisk 204 + 159 363 t	
Wasser-ver-drängung	Länge und Breite in der Wasserlinie 30 m, 4,0 m Tiefgang (Freibord 0,5 m) 1,0 m Minderung 20 % (Steven und Boden) → 0,8 4 × (30 × 4,0 × 1,0) × 0,8 384 t	

Bild 67
Nachweis der
Tragfähigkeit
des doppelten
Doppelschiffes

Die nicht ausgenutzte Tragfähigkeit beträgt 384 – 363 = 21 Tonnen.

Das Ergebnis lässt den Schluss zu, dass die Tragfähigkeit ausreicht, um den Obelisk zu transportieren.

Anhang 3
Zur Berechnung der Steinpakete an den Längsmauern zu Seite 67

An jeder der beiden Längsmauern muss ein Steinpaket mit dem Gewicht
$G = 225 / 2 = 112{,}5$ t wirken und wegen der Reibung auf der Mauerkrone
noch etwas schwerer sein: $\rightarrow$ $G = 114$ t
Es wird dicht gefügter Kalkstein mit $\sigma = 2{,}7$ g$/\text{cm}^3$ angenommen.
Erforderliches Stein-Volumen je Mauer: $V = G / 2{,}7 = 114 / 2{,}7 = 43 \text{ m}^3$
Die Seile sind am Obelisk um den Viertelpunkt auf einer Länge von 4 m
angebracht (Bild 36).
Auf der Mauerkrone liegen die Seile auf einer Länge von 6,4 m auf, so dass
an der Mauer auf $L = 8$ m Steine angehängt werden können.
Die Länge der Steine wird zu $l = 2{,}00$ m angenommen,
und 4 Steine hängen nebeneinander auf $L = 8$ m.
Das quaderförmige Steinpaket hat auf $L = 8$ m ›senkrecht zur Mauer‹ die
Querschnittfläche $F = V / L = 43 / 8$ $\rightarrow$ $F = 5{,}4 \text{ m}^2$
Es werden 4 Reihen Steine untereinander gehängt.
Das Volumen jedes Steins ist Länge × Höhe × Dicke $v = l \times h \times d$
Es wird angenommen, dass die Steine die Höhe $h = 0{,}70$ m haben.
Das Steinpaket hat ›entlang der Mauer‹ die Fläche
$F = 8{,}0 \text{ m} \times (4 \times 0{,}70 \text{ m})$ $\rightarrow$ $F = 22{,}4 \text{ m}^2$
Die Dicke des Steinpaketes ›senkrecht zur Mauer‹ ist
$D = V / F = 43 / 22{,}4$ $\rightarrow$ $D = 1{,}92$ m
Es wird angenommen, dass 3 Schichten Steine voreinander gehängt werden.
Jeder Stein hat die Dicke $d = 1{,}92 / 3$ $d = 0{,}64$ m.
Die Steine haben das Volumen $v = 2{,}00 \times 0{,}70 \times 0{,}64$ $v = 0{,}896 \text{ m}^3$
Das Gewicht jedes Steins ist $g = 0{,}896 \times 2{,}7 = 2{,}42$ t.
Werden Steine mit dem Gewicht 2,4 t verwendet, müssen an beide Mauern je
$4 \times 4 \times 3 = 48$ Steine angehängt werden.
Jedes der beiden Steinpakete hat das Gewicht $48 \times 2{,}4 = 115$ t.
Das berechnete Gewicht 115 t entspricht dem erforderlichen Gewicht 114 t.

Anmerkungen

Verzeichnis der abgekürzt zitierten Literatur s. Seite 127

1 Habachi, L., Vogel, C., Die unsterblichen Obelisken Ägyptens, 2000, 9, Mainz.
2 Wirsching, A., Die Pyramiden von Giza – Mathematik in Stein gebaut. Stationen der Sonne auf ihrem Lauf durch das Jahr, 2006, passim, insbes. 73, Norderstedt.
3 Lehner, M., Das erste Welt-Wunder. Die Geheimnisse der ägyptischen Pyramiden, 1997, 150 ff, Düsseldorf und München.
4 Gabolde, L., À propos de deux obélisques de Thoutmosis II, dédiés à son père Thoutmosis I et érigés sous le règne d'Hatshepsout-Pharaon, in: *Karnak* VIII (1982-1985) 143 ff.
5 Habachi, L., Two graffiti at Séhel from the reign of Queen Hatshepsut, in: *JNES* 16, 1957, 95 f.
6 Röder, J., Zur Steinbruchgeschichte des Rosengranits von Assuan, in: *AA* 1965, Sp. 468.
7 Engelbach, R., The Aswân obelisk with some remarks on the ancient engineering, in: *SAE* 1922. Engelbach, R., The problem of the obelisks. From a study of the unfinished obelisk at Aswan, 1923, London.
8 Habachi / Vogel (Anm. 1) 18. Röder (Anm. 6) Sp. 493.
9 Golvin, J. C. / Goyon, J. C., Karnak Ägypten. Anatomie eines Tempels, 1990, 127, Tübingen. Vgl. dort Engelbachs Zeichnung von der Wand.
10 Engelbach (Anm. 7, 1923) 41 f.
11 Habachi / Vogel (Anm. 1) 18.
12 Röder (Anm. 6) Sp. 508.
13 Klemm, R. / Klemm, D., Steine und Steinbrüche im alten Ägypten, 1993, 312 Abb. 361, Berlin und Heidelberg.
14 Arnold, D., Building in Egypt. Pharaonic stone masonry, 1991, 268, New York.
15 Petrie, W. M. F., The pyramids and temples of Giseh, edition 1885, 29, London.
16 Stocks, D. A., in: *Antiquity*, 73, 1999, 919.
17 Wirsching, A., Vergleichende Untersuchungen zu den Abmessungen der Sarkophage und Grabkammern in den Pyramiden von Giza; Teil 1: Die Sarkophage, in: *GM* 199, 2004, 98. Ebenso: Wirsching (Anm. 2) 16 f.
18 S. hierzu: Petrie, W. M. F., Tools and weapons, in: *BSAE* 1916, 45 und Tf. 52. Kjellson, H. / Mattson, C. A., Teknik i Forntiden, 1984, 240 ff, Stockholm.
19 Preti, A., L'estrazione degli obelischi egizi, 1988, 72 ff, Turin.
20 Engelbach (Anm. 7, 1922) 23 f.
21 Röder (Anm. 6) Sp.. 512.
22 Golvin / Goyon (Anm. 9) 129.
23 Arnold (Anm. 14) 63 f.
24 Badawy, A., in: *MIO* 8/1, 1963, 325 ff. Weitere Abbildungen bei Engelbach (Anm. 7, 1923) 58. Habachi / Vogel (Anm. 1) 19. Auch: *BIFAO* 97, 1997, 268.
25 Habachi, L., (Anm. 5) 92, 95.

26 Umzeichnungen des Schiffes s. bei Landström, B., Ships of the Pharaohs. 4000 years of Egyptian shipbuilding, 1970, 128, Bild 381. Deutsch: Die Schiffe der Pharaonen 1974, Gütersloh. Köster, A., Studien zur Geschichte des antiken Seewesens, in: Zeitschrift Klio, Beiheft 32, neue Folge, Heft 19, 1934 (Neudruck 1963, Aalen) 2, Bild 1. Den Originalzustand zeigen Habachi / Vogel (Anm. 1) Bild 20. Alle Darstellungen gehen zurück auf Naville, E., The temple of Deir el-Bahari, 1908, Bd. VI, Tf. 153.
27 Breasted, J. H., Ancient Records of Egypt, BAR 1906 (Neudruck 1962) II, § 43 f in Verbindung mit II, § 105.
28 Ballard, G. A., in: MM 6, 1920, 269. Ders., in: MM 12, 1926, 221.
29 Köster (Anm. 26) 9.
30 Sölver, C. V., in: MM 26, 1940, 237 ff.
31 Landström (Anm. 26) 133, Bild 388.
32 Engelbach, (Anm. 7, 1923) 64.
33 Clarke, S., Engelbach, R., Ancient Egyptian masonry. The building craft, 1930, 39, London.
34 Sleeswyk, A. W., The obelisk lighter of Queen Hatshepsut, in: Tropis II, 2nd International symposium on ship construction in antiquity, Delphi 1987, Proceedings ed. by H. Tzalas 1990, 305-314.
35 Wirsching, A., Das Doppelschiff – die altägyptische Technologie zur Beförderung schwerster Steinlasten, in: SAK 27, 1999, 389-408.
36 Wirsching (Anm. 2) 83 ff.
37 Goyon, G., Les navires de transport de la chaussée monumental d'Ounas, in: BIFAO 69, 1971, 69.
38 Boreux, M. C., Études de nautique Égyptienne, in: MIFAO II, 1925, 489. Landström (Anm. 26) 62.
39 Hassan, S., The causeway of Wnis at Sakkara, in: ZÄS 80, 1955, 137. Abgebildet ist die Barke A bei Goyon (Anm. 37) Tf. III.
40 Auf die Vorteilhaftigkeit, schwere Steine im Wasser zu transportieren, ist mehrfach hingewiesen worden: Riedl, O., Die Maschinen des Herodot, o. J. (1986) 209, Wien. Pitlik, H. in: GM 127, 1992, 81. Illig, H. / Löhner, F., Der Bau der Cheops-Pyramide. Nach der Rampenzeit ^{3}1998, 47 ff, Gräfelfing.
41 Willcocks, W. / Craig, J. I., Egyptian Irrigation, Vol. I, 1913, 91 ff, London.
42 Goyon (Anm. 37) passim.
43 Shahin, M., Hydrology of the Nile basin, 1985, 98, Amsterdam.
44 Herodot II, 96
45 Goyon (Anm 37) 69: Laboratoire d'Hydraulique de France, Paris.
46 Dondelinger, E., Die Treibtafel des Herodot am Bug des ägyptischen Nilschiffes, 1976, 16 f, Graz.
47 Brunner-Traut, E., Frühformen des Erkennens am Beispiel Ägyptens, 1990, Darmstadt.
48 Breasted (Anm. 27) I, § 323.
49 Willcocks, W., 1904; zit. von: Wehausen, J. V. et. al. in: IJNA 1988, 17.4, 302.
50 Zu Fundstellen s. Dürring, N., Materialien zum Schiffbau im alten Ägypten, 1995, 138, Berlin. Jones, D., A glossary of ancient Egyptian nautical titles and terms

1988, Nr. 56, London und New York.
51 Plinius Secundus d. Ä., Naturalis Historia 36, 14, 67-68, König R., und Hopp, J., (Hrg.) 1992, Darmstadt.
52 Gorringe, H. H., Egyptian obelisks, 1882, 77 f, New York. Isler, M., in: *JARCE* 13, 1976, 33. Barber, F. M., The mechanical triumphs of the ancient Egyptians, 1900, 112, London.
53 Gorringe, ebd. passim. Isler, ebd. 32.
54 Sharpe, S., History of Egypt vor 1882, Vol. I, 44, zit. von Gorringe (Anm. 52) 156; ferner zit. von Isler (Anm. 52) 33.
55 Barber (Anm. 52) 110, 116.
56 Choisy, A., Histoire de l'Architecture, 1964 Bd. I, 36, Paris. Vgl. auch Engelbach (Anm. 7, 1923) 78.
57 Borchardt, L., Zur Baugeschichte des Amonstempels in Karnak, in: Sethe, K., Untersuchungen zur Geschichte und Altertumskunde Aegyptens, 1905 (Neudruck 1964), Bd. 5.1, 16, Hildesheim.
58 Isler (Anm. 52) 33 f.
59 Engelbach (Anm. 7, 1922) 72 ff.
60 Chevrier, H., Note sur l'érection des obélisques, in: *ASAE* 52, 1952, 313. Chevrier, H., in: *RDE* 22, 1970, 36.
61 Golvin / Goyon (Anm. 9) 132 f.
62 Arnold (Anm. 14) 68.
63 Fontana, D., Della Trasportatione dell' Obelisco Vaticano (1590), in: D. Conrad, (Hrg.), Domenico Fontana. Die Art, wie der Vatikanische Obelisk transportiert wurde, Bd. 1, 1987, Berlin.
64 Wirsching, A., Obelisken errichten auf ägyptische Weise – mit Steinen und Seilen, in: *SAK* 28, 2000, 288 ff.
65 Wirsching, A., Weiteres zum Bau der Cheops-Pyramide, in: *ZS* 1998, H. 1, 7 ff. Ders. ebenso bei Illig / Löhner (Anm. 40) 143.
66 Borchardt (Anm. 57) 15.
67 Isler (Anm. 52) Bild 15.
68 Engelbach (Anm. 7, 1922) 79.
69 Isler (Anm. 52) 34.
70 Papyrus Anastasi I, 14.2 – 16.5.
71 Zur Herleitung der Formel siehe v. d. Waerden, B., Erwachende Wissenschaft, 1956, 54, Basel und Stuttgart. Gillings, R. J., Mathematics in the time of the Pharaohs, 1972, 189, Cambridge.
72 Lepsius, R., Denkmäler aus Aegypten und Aethiopien, IV, 48a, ab 1897.
73 Plinius (Anm. 51) Nat. Hist. 36, 14, 67.
74 Fischer-Elfert, H. W., Die satirische Streitschrift des Papyrus Anastasi I, in: *ÄA* 1986, 143 ff.
75 Neugebauer, O., Die Geometrie der ägyptischen mathematischen Texte, in: O. Neugebauer, et al. (Hrg.), Quellen und Studien zur Geschichte der Mathematik, Astronomie und Physik, Abt. B, 1931, 431, Berlin.
76 Borchardt, L. Die Aufstellung der Memnonskolosse, in: *ZÄS* 45, 1908-1909, 32.
77 Fischer-Elfert (Anm. 74) 143.
78 D'Onofrio, C., Gli Obelischi di Roma, ^{2}1967, Rom. Iversen, E., Obelisks in exile,

Bd. 1, 1968, Copenhagen. Batta, E. Ägyptische Obelisken und ihre Geschichte in Rom, 1986 Frankfurt. Habachi / Vogel (Anm. 1).
79 Alföldy, G., Der Obelisk auf dem Petersplatz in Rom. Ein historisches Monument der Antike, 1990, 41, 47, Heidelberg.
80 Ebenda 53.
81 Plinius (Anm. 51) Nat. Hist. 36, 14, 69.
82 Hölbl, G., Altägypten im Römischen Reich. Der römische Pharao und seine Tempel, Bd. I, 2000, 18 f. 22, Mainz.
83 Die Angaben zu den Gewichten variieren in der Literatur. Vgl. die Zusammenstellung von Schneider, R. M., Nicht mehr Ägypten, sondern Rom. Der neue Lebensraum der Obelisken, in: Städel-Jahrbuch N. F. Bd. 19, 2004, 172.
84 Plinius (Anm. 51) Nat. Hist. 36, 14, 71-72.
85 Plinius (Anm. 51) Nat. Hist. 16, 76, 201-202.
86 Ammianus Marcellinus, Buch 17, 4, 13 f.
87 Sueton, Claudius, 20.
88 Barber (Anm. 52) 101.
89 Casson, L., Ships and seamenship in the ancient world, [3]1973, 188, Princeton.
90 D'Onofrio (Anm. 78) 57.
91 Torr, C., Ancient ships, 1964, 26, Chicago.
92 Casson, L., (Anm. 89) 188 f.
93 Testaguzza, O., Portus. Illustrazione dei porti di Claudio e Traiano e della citta' di porto a Fiumicino, 1970, 105-109, Rom.
94 Casson (Anm. 89) 189.
95 Kienast, D., Augustus. Prinzeps und Monarch [2]1992, 239, Darmstadt.
96 Wirsching, A., Die Obelisken auf dem Seeweg nach Rom, in: *RM* 109, 2002, 146. Wirsching, A., Supplementary remarks on the Roman obelisk-ships, in: *IJNA* 32.1, 2003, 122; Ergänzung zum Aufsatz in: *IJNA* 29.2, 2000.
97 Landels, J. G., Die Technik in der antiken Welt 1979, 200, München. Gelsdorf, F., Antike Schiffahrtsrouten, in: G. Hellenkemper-Salies (Hrg.), Das Wrack 1994, 754, Köln.
98 Zum Stand des römischen Schiffbaues in jener Zeit s. Throckmorton, P., Römer zur See, in: G. F. Bass (Hrg.), Taucher in die Vergangenheit, 1972, 66 ff, Luzern.
99 Höckmann, O., Das Schiff, in: Hellenkemper-Salies (Anm. 97) 59 f, Abb. 7.
100 Foley, V. / Soedel, E. / Doyle J., in: *IJNA* 1982, 305 ff. Morrison, J. S. / Coates, J. F., The Athenian Trireme 1986, 192 ff Cambridge.
101 Basch, L., Roman triremes and the outriggerless Phoenician Trireme, in: *MM* 65, 1979, 300.
102 Einen extrem fülligen Querschnitt wie im Bild 50 zeigt Morrison, J. S., The ship. Long ships and round ships 1980, 26, Nat. Maritime Museum London.
103 Morrison, J. S. / Coates, J. F. / Rankov, N. B., The Athenian Trireme: The history and reconstruction of an ancient Greek warship, 2000, 238, Cambridge.
104 Ausführlich geht Coates, J., The naval architecture and oar systems of ancient galleys, in R. Gardiner (Hrg.), The age of the galley, 1995, 132, London, auf das Problem und die Größenordnung der Spannungen ein.
105 Nissen, H., Italische Landeskunde, Bd. 1, 1883, 317, Berlin. Lehmann-Hartleben, K., Die antiken Hafenanlagen des Mittelmeeres, in: Klio Beiheft 14, 1923, 183.

106 Buchner, E., Ein Kanal für Obelisken. Neues vom Mausoleum des Augustus in Rom, in: Zeitschrift Antike Welt 27, 1996.
107 Zur Gestaltung des Hafens s. auch R. Meiggs, Roman Ostia, ^{2}1973 Abb. 5, Oxford. Chevallier, R., Ostie antique, ville et port, 1986 122, Paris.
108 Testaguzza (Anm. 93) 105.
109 Oleson, J., The technology of Roman harbours, in: *IJNA* 17.2, 1988, 149 f.
110 Wie Anm. 110 : Fontana, D., Della Trasportatione dell' Obelisco Vaticano (1590), in: D. Conrad (Hrg.), Domenico Fontana. Die Art, wie der Vatikanische Obelisk transportiert wurde, im Weiteren Bd. 1, zitiert als ‚Fontana' und Bd. 2 (Übersetzung v. Bd. 1) zitiert als ‚Conrad'. Hier: Fontana Bl. 14 recto, Conrad 25.
111 Zeichnung von Carlo Fontana bei D'Onofrio (Anm. 78) Abb. 36. Vgl. auch Fontana Bl. 32 recto.
112 Zum Baugeschehen um 10 v. Chr. s. Kolb, F., Rom. Geschichte der Stadt in der Antike, ^{2}2002, 346-350, München. Bringmann, K. / Schäfer, T., Augustus und die Begründung des römischen Kaisertums, 2002, 78-85, Berlin.
113 Plinius (Anm. 51) Nat. Hist. 36, 14, 67-69.
114 Gorringe (Anm. 52) 7 nennt: 69 feet, 220 tons. Das Gewicht ist umgerechnet mit 1 long ton (US) = 2240 lb = 1.016,05 kg, vgl. Trapp, W., Kleines Handbuch der Maße, Zahlen, Gewichte und der Zeitrechnung, 1998, 128, Stuttgart.
115 Gorringe (Anm. 52) Tafel 5. Iversen, E. (Anm. 78) jedoch Bd. 2, 1972, Abb. 68.
116 Gorringe (Anm. 52) Tafel 4.
117 1 palmo entspricht 0,223 Meter, s. Conrad (Anm. 110) 37.
118 Mercati, M., Gli obelischi di Roma 1589, Bologna, (Nachdruck 1981) 326. Iversen (Anm. 78) 72.
119 Iversen (Anm. 78) 158; zu den Beschädigungen ebd. Abb. 124, 127.
120 Maße bei D'Onofrio (Anm. 78) Abb. 3, 75. Buchner, E., in: *RM* 83, 1976, 331.
121 Zum Verständnis der physikalisch-chemischen Grundlagen im 1. Jh. v. Chr. vgl. die Ausführungen von Vitruv, insbes. 2, 6, 42.
122 Lamprecht, H. O., Opus Caementitium. Die Bautechnik der Römer, ^{4}1993, Düsseldorf. Abb. 19: Schalung aus Balken und Abb. 21: aus Stein.
123 Iversen (Anm. 78) Abb. 11 b. D'Onofrio (Anm. 78) Abb. 11, 12.
124 Iversen (Anm. 78), 33. Magi, F., in: Strenna dei Romanisti 28, 1967, 263.
125 Wirsching, A., Wie die Obelisken um die Zeitenwende und im 4. Jahrhundert aufgerichtet wurden, in: *GYM* Bd. 113, H. 4, 2006, 340. Das Foto von F. Magi in: Capitolium 38, 1963, 492.
126 Anm. 110: Fontana Bl. 3 recto; Conrad 13, Anm. 1.
127 Anm. 110: Fontana Bl. 16 recto; Conrad 27.
128 Lewis, M. J., Roman methods of transporting and erecting obelisks, in: Transactions of the Newcomen Society for the study of the history of engineering and technology 56, 1984/85, 97 und 103, Anm. 1 zu Tab. 3.
129 Alföldy (Anm. 79) 51.
130 Plinius (Anm. 51) Nat. Hist. 36, 14, 68.
131 Alföldy (Anm. 79) 86: „Der Obelisk im Arsinoeion stand auf sechs tali (= astragali) aus Stein, der Vatikan-Obelisk wurde – zumindest in Rom – auf vier bronzenen Trägern befestigt." Magi (Anm. 125) 490: „Talus è parola che significa appunto astragalo, .." Lewis (Anm. 128) 108: „‚Astragal', like the

Latin talus it translates, is an anklebone ... since the Vatican obelisk had feet in the form of anklebones, there is no reason to doubt that Ptolemy's did too."
132 Anm. 110: Fontana Bl. 9 recto: 12 1/12 palmi.
133 Anm. 110: Fontana Bl. 23 recto, Conrad 30: 12 ¼ und 13 ¼ palmi. Den oberen Gesimsblock gab es ursprünglich nicht. Fontana schreibt (Bl. 35 recto, Conrad 36), er habe ihn eingefügt, damit der Obelisk an Anmut gewinne.
134 Ammianus (Anm. 86) Buch 17, 4, 14-15.
135 D'Onofrio (Anm. 78) Abb. 69.
136 Mattingly, H. / Sydenham, E., The Roman coinage II, London (1926) Nachdruck 1968, 284, Nr. 571. S. auch die Abbildung bei Schneider (Anm. 83) 163.
137 Wrede, H., in: *IM* 16, 1966, 187.
138 Effenberger, A., Überlegungen zur Aufstellung des Theodosios-Obelisken im Hippodrom von Konstantinopel, in: B. Brenk (Hrg.) Innovation in der Spätantike, 1996, 213, Wiesbaden.
139 Die in Anm. 136 genannte Münze wurde 103 anlässlich der Erweiterung ediert, vgl. Nünnerich-Asmus, A., Er baute für das Volk, in: Dieselbe (Hrg.) Traian. Ein Kaiser der Superlative am Beginn einer Umbruchzeit, 2002, 124, Mainz.
140 Mercati (Anm. 118) 318. D'Onofrio (Anm. 78) 166. Iversen (Anm. 78) 55.
141 CIL VI, 1, Nr. 1163: „... sed quod non crederet ullus tantae molis opus superas consurgere in auras." Übersetzung v. H. Kastl, 1964.
142 Ammianus Buch 17, 4, 15: „... quae uix aut ne uix quidem sperabatur posse compleri" Übersetzung v. W Seyfarth, 1968, Darmstadt.
143 Iversen (Anm. 78) 56, Anm. 5.
144 Lewis (Anm. 128) 100.
145 Azim, M., La fouille de la cour du VIIIe pylône, in: *Karnak* VI 1981, 107. S. auch Effenberger (Anm. 138) 256 ff.
146 S. hierzu die Zeichnungen bei Effenberger (Anm. 138) 218 ff.
147 Azim, M. / Golvin, J C., Étude technique de l'abbatage de l'obélisque ouest du VIIe pylône de Karnak, in: *Karnak* VII 1982, 167-180.
148 Wrede (Anm. 137) 182. So auch Rebenich, S., in: *IM* 41, 1991, 451.
149 Zur Annalenwand s. Habachi / Vogel (Anm. 1) 48, Abb. 50.
150 Bruns, G., Der Obelisk und seine Basis auf dem Hippodrom zu Konstantinopel, Istanbuler Forschungen 7, 1935, 60.
151 Habachi / Vogel (Anm. 1) 85.
152 Wrede (Anm. 137) 191.
153 Effenberger (Anm. 138) 261, 264.
154 Speck, P., in: *Boreas* 20, 1997, 21.
155 Bruns (Anm. 150) 35.
156 Habachi / Vogel (Anm. 1) Abb. 89 a - d.
157 Effenberger (Anm. 138) 261.
158 Bruns (Anm. 150) 14.
159 Alle Maße am Obelisk und am Sockel sind Effenberger (Anm. 138) entnommen, der sich seinerseits auf Bruns (Anm. 150) bezieht; insbes. Obelisk: 237, Abb. 12, Plinthe: 230, Oberbasis: 240.
160 Ebenda 240.
161 Bruns (Anm. 150) Abb. 6. Effenberger (Anm. 138) Abb.7.

162 Bruns (Anm. 150) 52.
163 Lewis (Anm. 128) 96.
164 Bruns (Anm. 150) 52.
165 Bruns ebd. 58. Berger, A., in: *Boreas* 20, 1997, 6.
166 Wrede (Anm. 137) 187. Der gemauerte Obelisk steht noch heute in voller Größe auf dem Sultan Ahmed Platz.
167 CIL III, 1 Nr. 737; die Textstelle lautet: .. ter denis sic victus ego domitusque diebus iudice sub Proclo superas elatus ad auras, s. auch Bruns (Anm. 150) 30.
168 Effenberger (Anm. 138) 208.
169 Speck (Anm. 154) 21.

Abgekürzt zitierte Literatur

AA	Archäologischer Anzeiger, Beiblatt zum Jahrbuch des Deutschen Archäologischen Instituts, Berlin
ÄA	Ägyptologische Abhandlungen, Ägyptologisches Seminar der Universität Bonn, Wiesbaden
Antiquity	Antiquity. A Quarterly Review of Archaeology, Cambridge
ASAE	Annales du Service des Antiquités, Kairo
BIFAO	Bulletin de l'Institut Français d'Archéologie Orientale, Kairo
BOREAS	Boreas. Münstersche Beiträge zur Archäologie, Möhnesee
BSAE	British School of Archaeology in Egypt, London
GM	Göttinger Miszellen. Beiträge z. ägyptologischen Diskussion, Seminar für Ägyptologie und Koptologie an der Universität Göttingen
GYM	Gymnasium. Zeitschrift für Kultur der Antike und humanistische Bildung, Heidelberg
IJNA	The International Journal of Nautical Archaeology, London
IM	Mitteilungen des Deutschen Archäologischen Instituts, Abteilung Istanbul, Mainz
JARCE	Journal of the American Research Center in Egypt, Boston
JNES	Journal of Near Eastern Studies, Cambridge
Karnak	Cahiers de Karnak, Centre Franco-Égyptien d'études des temples de Karnak, Paris
MIFAO	Mémoires publiés par les membres de l'Institut Égyptien, Kairo
MIO	Mitteilungen des Instituts für Orientforschung, Berlin
MM	The Mariner's Mirror, Journal of the Society for Nautical Research, Greenwich
Nature	Nature. A weekly International Journal, London
RDE	Revue d'Ègyptologie, Kairo (Paris)
RM	Mitteilungen des Deutschen Archäologischen Instituts, Römische Abteilung, Mainz
SAE	Service des Antiquités de l'Égypte, Kairo
SAK	Studien zur altägyptischen Kultur, Hamburg
ZÄS	Zeitschrift für ägyptische Sprache und Altertumskunde, Leipzig, Berlin
ZS	Zeitensprünge. Interdisziplinäres Bulletin, (vorm. ‚Vorzeit-Frühzeit-Gegenwart') Gräfelfing

Übersichtsplan von Ägypten

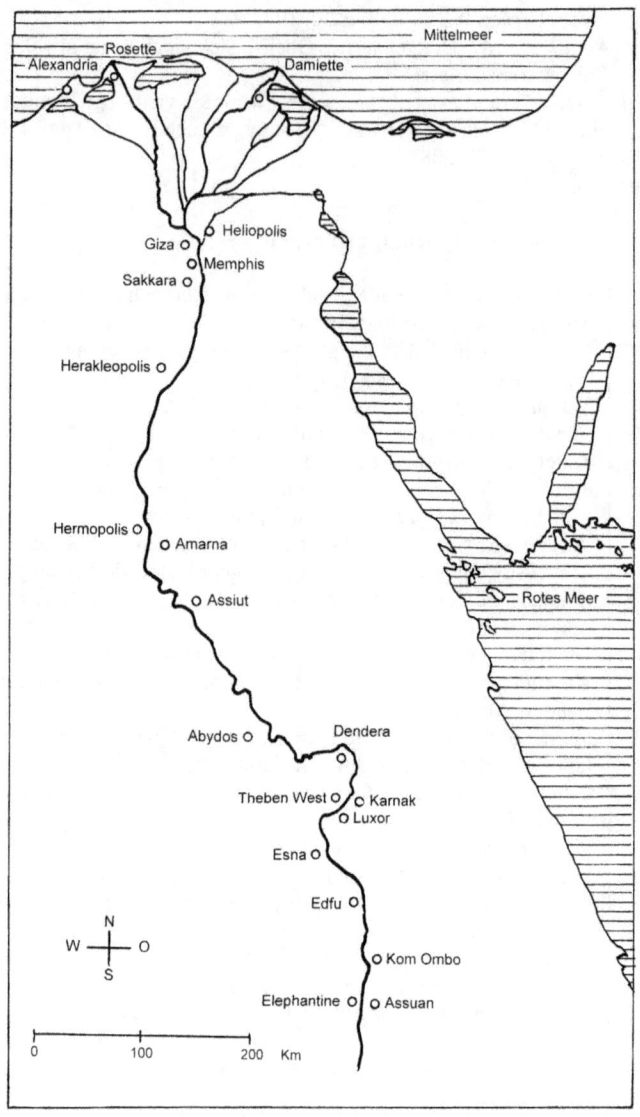

Bild 68 Das Land der Obelisken

Zeitlicher Rahmen – Ägypten und Rom

Altes Reich 3. – 6. Dynastie 2700 – 2170	4. Dyn.	Cheops, Chephren, Mykerinos	2600 – 2500 (ab 2640 nach Rawlins/ Pickering/ Spence, in: *Nature* 412, 2001, 699)
	5. Dyn.	Userkaf, Niuserre Unas	2465 – 2414 2380 – 2350
1. Zwischenzeit			
Mittleres Reich 11. – 12. Dynastie 2020 – 1794	12. Dyn.	Sesostris I.	1956 – 1911
2. Zwischenzeit			
Neues Reich 18. – 20. Dynastie 1550 – 1070	18. Dyn.	Thutmosis I. Thutmosis II. Hatschepsut Thutmosis III. Amenophis II. Amenophis III.	1504 – 1492 1492 – 1479 1479 – 1458 1479 – 1425 1428 – 1397 1388 – 1351
	19. Dyn.	Sethos I. Ramses II.	1290 – 1279 1279 – 1213
3. Zwischenzeit			
Spätzeit 26. – 30. Dynastie 664 – 342	26. Dyn.	Psammetich II.	595 – 589
Ptolemäer-Zeit 323 – 30 v. Chr.		Ptolemaios II. Ptolemaios XII. Cleopatra VII.	285 – 246 80 – 51 51 – 30 v. Chr.
Römische Kaiser in Verbindung mit Obelisken		Augustus Caligula Claudius Konstantin Constantius II. Theodosius I.	30 v. Chr. – 14 n. Chr. 37 – 41 41 – 54 306 – 337 337 – 361 379 – 395

Tabelle 8 Regierungszeiten der Herrscher (Habachi / Vogel, 1, nach J. v. Beckerath)

Rom – Stadt und Region

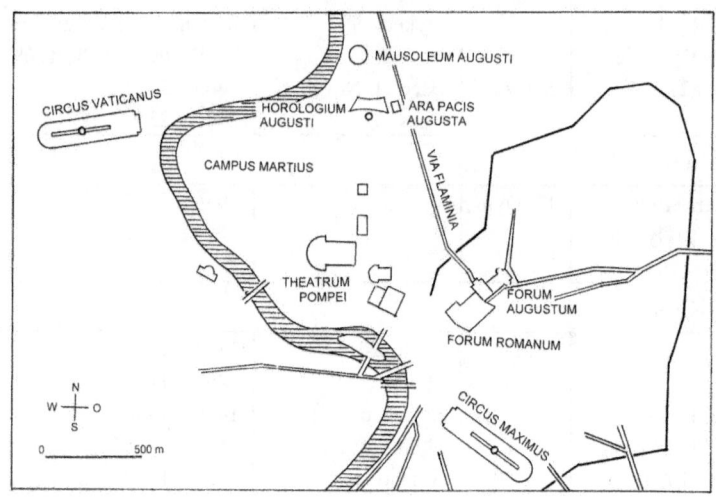

Bild 69 Die Standorte der Obelisken in Rom um die Zeitenwende

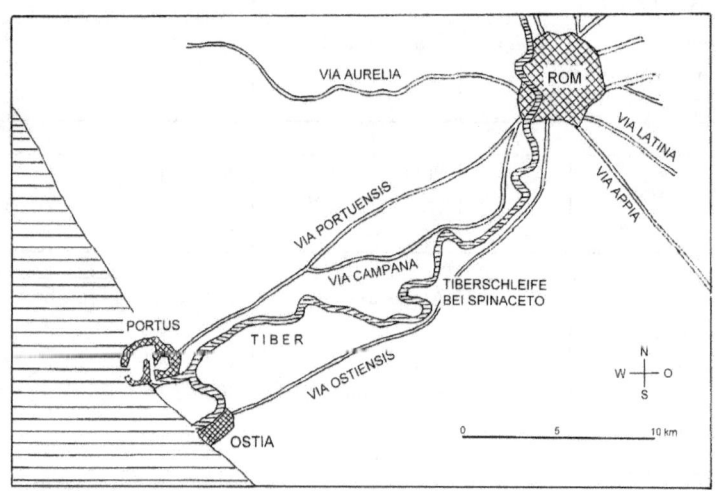

Bild 70 Der Weg der Obelisken von Ostia / Portus nach Rom

Die vier größten Obelisken in Rom

Die Höhe der Obelisken ist bisher nur einmal gemessen worden, und zwar von G. B. Cipriani 1823 auf 1/4 palmo genau (vgl. dazu Anm. 117).

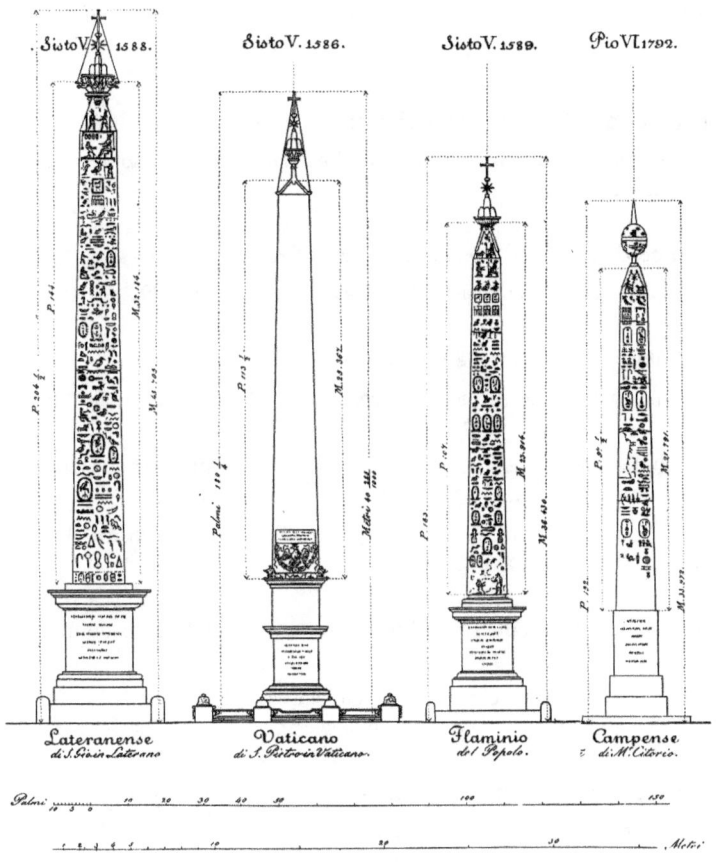

Bild 71   Die Obelisken und ihre ersten Standorte in Rom
von links: Circus Maximus – Circus Vaticanus – Circus Maximus – Marsfeld
Zeichnungen von G. B. Cipriani (D'Onofrio, 78)

Veröffentlichungen des Verfassers zur Wissenschaft und Technik in der Antike

Das Doppelschiff – die altägyptische Technologie zur Beförderung schwerster Steinlasten
in: Studien zur altägyptischen Kultur (SAK) Bd. 27, 1999, Buske Verlag, Hamburg

Obelisken errichten auf ägyptische Weise – mit Steinen und Seilen
in: Studien zur altägyptischen Kultur (SAK) Bd. 28, 2000, Buske Verlag, Hamburg

Die Obelisken auf dem Seeweg nach Rom
in: Römische Mitteilungen (RM) Bd. 109, 2002, Deutsches Archäologisches Institut Abteilung Rom

How the obelisks reached Rome – evidence of Roman double-ships
in: International Journal of Nautical Archaeology (IJNA) Vol. 29.2, 2000, London

Supplementary remarks on the Roman obelisk-ship
in: International Journal of Nautical Archaeology (IJNA) Vol. 32.1, 2003, London

Wie die Obelisken um die Zeitenwende und im 4. Jahrhundert aufgerichtet wurden
in: Gymnasium. Zeitschrift für Kultur in der Antike und humanistische Bildung Bd. 113.4, 2006, Heidelberg

Mit Schattenmessungen die Erdkrümmung erkennen und den Erdumfang berechnen
in: Göttinger Miszellen, Beiträge zur ägyptologischen Diskussion (GM), Bd. 191, 2002, Seminar für Ägyptologie und Koptologie an der Universität Göttingen

Wer maß zuerst den Erdumfang – Eratosthenes oder die Ägypter?
in: Der Vermessungsingenieur. Zeitschrift des Verbandes Deutscher Vermessungsingenieure, H. 5, 2003, Chmielorz Verlag, Wiesbaden

Die Pyramiden von Giza – Mathematik in Stein gebaut:
Stationen der Sonne auf ihrem Lauf durch das Jahr
2006, Verlag Books on Demand, Norderstedt, ISBN 978-3-8334-5492-9

www.ingramcontent.com/pod-product-compliance
Lightning Source LLC
Chambersburg PA
CBHW070251230526
45470CB00002B/566